東海村「臨界」事故

国内最大の原子力事故・
その責任は核燃機構だ

編著
槌田 敦＋JCO臨界事故調査市民の会

高文研

❖──もくじ

Ⅴ 臨界事故——被曝住民は訴える

【資料編】

装丁＝商業デザインセンター・松 田 礼 一

用語案内

1．臨界、臨界事故

ウラン235やプルトニウム239などの原子核に中性子を衝突させると、原子核は２つに分裂する。これを核分裂というが、その際、２から３個の中性子を発生する。この中性子が原子核に衝突すれば、また核分裂が起こる。この連鎖反応が持続することを、臨界という。原子爆弾も原子炉もこの臨界により、核分裂で得られるエネルギーを利用する。

設計者の意図に反して臨界が始まり、これをただちに止めることができなかった時、臨界事故という。

2．科学技術庁（科技庁）

1953年、アイゼンハワー米大統領の「原子力の平和利用」という名のウラン売り込み声明に呼応した日本の保守政治家たちは、1954年に原子炉購入予算を成立させた。これに対して日本学術会議は原子力平和利用の３原則、「自主」「民主」「公開」をアピールし、折から３・１ビキニ水爆実験で被曝した第五福竜丸事件で盛り上がった「原水爆反対運動」と連動して、政府と対抗したが、1955年末に原子力基本法が成立。1956年、原子力委員会初代委員長に正力松太郎が就任、科学技術庁はこれを担当するものとして発足、初代長官も正力が兼務した。原子力委員会、原子力安全委員会の庶務も行なっていた。

2001年の行政改革で科技庁所管の日本原子力研究所、理化学研究所、動力炉・核燃料開発事業団（現・核燃料サイクル開発機構）、宇宙開発事業団等は文部科学省に、原子力委員会、原子力安全委員会は内閣府に、原子力安全・保安院は経済産業省所管となった。

3．ＪＣＯ

1980年に住友金属鉱山核燃料事業部東海工場が独立し、住友金属鉱山の100％出資の子会社として設立された。1998年までは日本核燃料コンバージョンと称した。本業は原子力発電用の燃料（酸化ウラン粉末）製造で、年間処理能力は約700トン。一方、年間生産量としては、全体の0.04％以下の高速炉「常陽」のための燃料製造を行なっていて、1999年に臨界事故を起こした。風評被害には約147億円の補償をしたが、住民被曝者にはまったく補償していない。

2003年４月、ウラン加工事業からの撤退を表明、現在廃棄物保管と補償交渉などを継続している。

4．動燃（動力炉・核燃料開発事業団）

1957年、原子燃料公社として設立され、1967年に動力炉・核燃料開発事業団と改称された特殊法人。2002年度の年間予算は1599億円。

プルトニウム再利用により無限のエネルギーを確保できるという夢を振りまいてきたが、1995年、使用前検査中の「もんじゅ」でのナトリウム漏れ、1997年の東海村の再処理工場爆発と事故が続き、核燃料サイクル開発機構（核燃機構）と改称。「もんじゅ」「常陽」は高純度（爆弾用）プルトニウム製造の能力をもち、ウラン資源の探鉱、濃縮プラント運転、再処理、廃棄物処分技術の開発など、多面的事業を担当している。設立以来、多額の税金を使ってきたが、ほとんどいかなる富も産まなかった。

核燃機構は東海村などでは、自らの略称を「サイクル機構」と称し、「核隠し」の名称を使用している。

＊――はじめに

ＪＣＯ臨界事故はなぜ起こったか

國學院大學教授　菅井 益郎

日本の原子力開発の発祥の地にして、今日なおその開発拠点となっている、茨城県東海村にあるＪＣＯ（旧称：日本核燃料コンバーション株式会社）東海事業所で臨界事故が起こったのは、1999年９月30日。それから４年近くが過ぎ去ろうとしている。

２人の従業員が強烈な中性子線の被曝によって亡くなり、１人が重大な被曝、また多くの付近住民が放射性ヨウ素や中性子線で被曝して、今も深刻な健康被害を訴えている。

東海村特産の干しいも生産農家は価格の低迷に苦しみ、付近の商店や工場でも売上げが激減した。金銭的な損害の幾分かは原子力損害賠償法によって補償されたが、住民の被曝とストレスによる健康被害に対しては、何らの医療保障も損害賠償も行なわれていない。

ＪＣＯに隣接して事業を営んでいた大泉昭一さん夫妻は健康を害して事業閉鎖に追い込まれ、交渉に応ぜぬＪＣＯと親会社の住友金属鉱山を相手取って、2002年９月、水戸地方裁判所に損害賠償請求訴訟を起こした。

2003年３月３日には、水戸地方裁判所でＪＣＯ臨界事故の刑事責任を問う裁判の判決が下されたが、それは事故の真の原因を隠ぺいし、原因をひたすら現場の作業工程に限定して刑罰を科すという、事故の矮小化と本質のもみ消しともいうべき内容であった。被害を受けた住民やこの裁判を傍聴してきた人たちにとって、判決はまったく納得のいかないものであったと思う。

ＪＣＯには罰金100万円、各被告にはすべて執行猶予付という刑の軽さもさることながら、事故の真の原因をつくった発注者である動力炉・核燃料開発事業団（略称は動燃：現在は核燃料サイクル開発機構）の責任と国の原子力安全審査体制の問題にはまったく言及しない判決に対して、誰しも「これでは日本の原子力安全体制など確保されるはずがない」と思ったに違いない。

それほど、原子力推進行政に加担した裁判所の判断であった。

ＪＣＯ臨界事故はなぜ起こったのか、いったい誰に責任があるのか。事故後わずか３か月足らず、調査分析を十分行なったとはいえないまま、原子力安全委員会（佐藤一男委員長）は「事故調査報告書」を出したが、それは「責められるべきは作業者の逸脱行為である」と、亡くなった作業員のミスに原因があるかのように印象づける事故調査委員会委員長（吉川弘之日本学術会議会長）の所感で締めくくられ、安全審査を行なった安全委員会自らの責任にはまったく触れようともしない、おそまつきわまりない内容であった。

本書は、発注者の動燃及び安全審査を行なった原子力安全委員会、受注者ＪＣＯの問題点を分析し、それぞれの責任を明らかにするとともに、臨界事故などという「時代錯誤的」とも言うべき、起こりえぬはずの事故がなぜ発生したかをわかりやすく解き明かしたものである。

結果として一般に流布している「裏マニュアルとバケツ」作業に罪をかぶせる説を根底からくつがえし、逆にそれこそが競争激化の環境下でコスト削減を強いられた現場において「ある種の必然性」をもっていたと推定している。

ＪＣＯ臨界事故の後、プルトニウム混合燃料を既設の原発で使用するプルサーマル問題が緊急課題となった。

また2002年８月には東京電力ほか、電力各社の原発の事故・トラブル隠しが発覚して社会問題化したことから、東京電力の全原発17基が運転停止に追込まれ、現在は政府と電力会社が巨費を投じて「電力供給の危機」「首都圏大停電」キャンペーンを展開している。

こうした事態が続いているために、日本の原子力安全体制の根本的な欠陥を暴露したＪＣＯ臨界事故の影が薄くなり、その記憶の風化が急速に進みつつあるように思われる。私たちは日本の原子力開発のメッカである東海村で想定外の臨界事故が発生したこと、また迅速な事故対策ができなかったということを重く受け止め、この事故の真の原因を究明することが、きわめて重要だと思う。

日本の原子力開発推進体制を根底から批判・解体するために、本書を大いに活用していただきたい。

Ⅰ

1999年９月30日、ＪＣＯ臨界事故発生

(1) その日の茨城県・東海高校

茨城県立東海高校教諭　高橋　裕文

1999年９月30日（木）午前10時35分、茨城県東海村にあるＪＣＯ東海事業所の核燃料製造工場で臨界（核分裂）事故が発生した。11時30分に事故発生の通報を受けた東海村役場は、12時10分、緊急原子力災害対策会議を招集し、全職員を５階の防災室に集めた。私はそのとき役場にいたが、これは訓練ではないかと思った。

事故現場から南に2625メートル離れている東海高校（全校生徒数702人）では、そのころ体育館で生徒会役員選挙の立ち合い演説会が行なわれていたが、その後、生徒は投票のため教室に移動した。

12時30分、村内の屋外有線放送で「原子力事故が発生したので、屋内に入り窓を閉めてください」と指示があった。そこで、教頭が各教室の窓を閉めるよう、校内放送をした。その後いったん、「放射能の数値が通常に戻りました」という村内放送があった（これは茨城県の誤報によるものだった）。

しかし、５時限目の授業が始まり、生徒に原子力の話をしてい

ると、ふたたび村内放送で屋内退避を呼びかけるようになったので、「事故のレベルが最初よりあがってきている」と話した。

午後１時43分になると、東海村教育委員会は、下校時になっても安全だという連絡があるまで屋内に退避していることなど、３項目の指示を村内の幼・小・中・高校に出した（東海高校は県立ではあるが２年半前の動燃火災爆発事故後、要望して村の連絡網に入れてもらっていた）。

事故は当初の予想を裏切り、その後も沈静化しなかった。ＪＣＯのウラン加工製造容器（沈澱槽）の中では、ウランの濃縮液が臨界を繰り返しており、事故現場は誰も手をつけられない事態となっていた。臨界は20時間も続き、鉄やコンクリートさえも透過する中性子線を放射していた。６時限を過ぎても下校できない生徒・職員のイライラは最高潮に達し、「早く帰せ」という声も上がり始めた。

４時30分頃、北の空は薄暗くなり、無気味な雨雲が空を覆っていた。職員室の窓からその雨雲を見ていると、北から南に風が吹いており、その流れに乗って前方の東海村中央公民館の上を、なんと白く丸い雲の固まりが４つ５つと等間隔に一列に並んでいるかのように流れていくではないか。それは真綿のようにふわふわしていて、できたばかりの雲のようであった。

この「雲」は、その後の報道で明らかにされた、事故現場から放出された放射性ガスではないかと思われる。

その「白い雲」が流れている４時40分頃、村の教育委員会から屋内退避解除・下校の指示が出され、生徒たちは折から降り出した雨の中を濡れながら急ぎ下校していった。放射能まじりの雨に

▲被曝線量測定会場にて。小林晃氏撮影

あたるという、まことにタイミングの悪い避難解除であった。

その後、夜９時40分になって、茨城県はやっと半径10キロメートル圏内の住民に屋内退避勧告を出した（圏内住民31万人)。そして翌10月１日（金）は半径10キロメートル圏内の学校は臨時休校となった（224校)。

私の住む那珂町も屋内退避区域の中にあり、家に閉じこもっていたが、１日中頭痛がおさまらず、安全宣言が出された水道水も那珂川取水のため、３日間は飲まなかった（事故のはじめには那珂町は風下にあたっていた)。

政府は午後３時になって臨界の終息を宣言、屋内退避は解除された。事故のレベルは「４」で、動燃事故（1997年３月）の「３」を上回る国内最大の事故となった。

10月２日（土）、学校が再開したが、このまま安全を確認せず始めていいものか疑問になったため、職員朝会で机、床を除染するよう提案したが、生徒の放射能検査が先だとの声にかき消された。検査を希望する生徒は各クラスとも30人以上おり、まず事故当時、外で体育をしていた生徒を近くの東海村中央公民館に行かせたが、検査場に並ぶ人数が多すぎて３時間もかかるという状況であった。結局、３時限目をカットして全員もよりの検査場に行くということになった。

検査の結果は全員異常なしということであったが、その後も保健室には体調不良を訴える生徒の相談が続いたため、10月８日（金）には臨界事故に関する健康アンケートを全生徒に行なった。その結果、頭痛、吐き気、のどの痛みがあったという生徒や、これからの健康に不安を持つ生徒が多くいることがわかり、さらに精密検査やカウンセリングを受けさせる必要が出てきている。

事故対策全体には住民の不安を解消させるという側面が非常に強い。事故があったけれども、自分は大丈夫だったということでは、事故に対して悪慣れする危険がある。やはり事故の真相、原子力の本質をきちんと知った上で、今後の生活、対策を決めるべきであろう。

であるから、この事故を単なる経験としてではなく、科学的な原子力教育を通じて教訓とする必要がある。そのため、私は10月２日以降、授業を使って生徒に事故の経験を作文に書いてもらったが、これから事故の実相、放射能の影響を話していきたいと考えている。

（1999年10月９日記）

⑵ 茨城県立東海高校生の証言
退避要請、臨時休校—不安と恐怖の２日間

✳原子力勤務の父、帰らぬ父を心配

私は、この原子力事故が起きたことで２つの不安があった。１つは、自分が地元に住んでいることもあって、人体への不安、もう１つは、父が原子力に勤務していることもあって、１晩帰って来なかったので不安だったのを、今でもしっかり覚えている。

今回の事故は従業員のミスによると指摘されているが、このような事故は２度と起こしてはいけないことだと思う。東海村では、２、３年前にも同じような事故があったばかりで、またこのような臨界事故を起こしては人々に安全だと説明してきた原子力に不安を与えてしまうのも無理ない。

自分の父が、こういう仕事をしているので複雑であるが、２度と起こしてはいけない事故だと、私は思う。（３年／男子）

✳雨に濡れて帰り母が心配、急いで風呂に入ったけど

学校で窓を閉めて、教室に退避している時は危険な事故が起きたという実感がわかず、ただひたすら暑さに耐えながら早く帰りたいと思っていた。

ところが、ふだんの下校時間が過ぎても学校から外に出ることができず、だんだん不安がつのり始めた。下校してよいと言われ、外に出ると雨がたくさん降っていて、傘を持たずに濡れて帰ると、母に心配された。それで不安がどっと押し寄せ、急いで風呂に入っ

た。

テレビのニュースで初めて事故の重大さを知らされた。臨界事故の危険を知った私は、事故の連絡の遅さにとても腹がたった。でもまさか在学中にこんな大きな事故が起こるとは思わなかったので、正直驚いている。（3年／女子）

✳知らずに授業受けてた、テレビ見て恐怖心が！

原子力事故なんて自分には何のかかわりもないものだろうと、事故が起きたその時まで思っていた。というか、原子力自体、私の人生に無関係だと思っていた。

事故の起こった日、知らされたのは事故後2時間過ぎだったらしい。今思い出すと、放射能が漏れていた時間、知らずに授業を受けていたことがとてつもなく恐ろしい。

でも本当に怖かったのは家に帰り、テレビを見た時だった。どの局でも深刻そうに、東海の事故を映していた。そして被曝者が3人の他にもいたことや、今も「臨界」の状態だということ。とにかく安心できない状況になっていることを知って、死ぬんじゃないかという恐怖心がこみ上げてきた。

屋内退避の指令が出されてからの夜はとても長かった。結果的には最悪の事態はまぬがれたが、まだまだ放射能の不安は抜けていない。（3年／女子）

✳原子力関係で働く父、心配でたくさんの電話が

私の家は事故現場から近いせいか、他の友達の家よりも生活が規制されてしまった。たくさんの人から電話がかかってきて、お母さんは病院へ働きに行き、お父さんは原子力関係の仕事なので、

家にいて会社からの連絡を待っていた。

ニュースを見ていると、ＪＣＯ側に操作の誤りがあったと言っていた。村の人たちはみんなＪＣＯに責任を求めていたが、作業員は被曝してしまったし、私は誰を責めていいかわからなかった。

外に出ることが許された後、ＴＶ局が近所をウロウロしていたが、誰も外に出る人がいなかった。私もまだ出る気がしなかった。とりあえず家族が無事でよかった。（３年／女子）

＊雨に濡れて、チェルノブイリ事故を思い出す

９月30日にＪＣＯで原子力事故が起きた。お昼の時にその事故について放送があったが、私には事故の重大さがわかっていなかった。しかし時間が過ぎ、「窓を閉めろ」と言われた時、大変な事故が起きたのだと気づいた。そういえばチェルノブイリでもこんな事故があり、放射能の混じった雨になったなあと思い、帰りに雨に濡れた時に少し心配になった。

電車の中で、人が見ていた新聞やその後のニュースなどで、作業員が重体だとか、家の外に出てはいけないということを知った時、怖かった。東海村で起こった事故が日本、さらには世界まで被害を与えるかもしれないと思った。東海村での野菜はなんだか食べたくない。（３年／女子）

＊生まれて初めての体験、学校での不安とあせり

生まれて初めてこんな経験をした。でも内心、学校は東海にあっても家は水戸だから平気だろうという甘い気持ちもあった。

授業とかで東海の原研の話や事故についてある程度聞いていたが、まさか自分も実際経験するとは、これっぽっちも思っていな

▲ＪＣＯから300メートルほどの所には牧場も……

くて、東海高校にいる時は不安とあせりがあった。

ハッキリ言うと、「こんな原研のある高校になんか来なければよかった」ってすごく思ったりもした。地元の人が一番つらくて怖かったと思う。まじで、もうこういうミスはやめてほしいと思う。（２年／女子）

✴校庭で体育の授業受けてた人も、なぜ早く知らせない！

今回のＪＣＯの事故で多くの人が不安に襲われた。私もその中の１人だ。

学校にいる時に校内放送で初めてそのことを知らされた。窓を全部閉めて外に出ないようにということを。私たちはただそれに従うことしかできなかった。５時まで学校を出られず、不安がつのるだけだった。

しかも私たちに事故のことが知らされたのは12時半くらいだった。後から聞けば事故が起きたのは10時35分だったそうだ。その時間には私たちは窓をあけていたし、外で体育の授業を受けていた人たちもいた。その短い間でも私たちは放射能を浴びている危険性があった。もっと早く、事故が起きたらすぐ知らせてくれれば、私たちの不安も多少は少なかったかもしれない。

この事故で多くの人を不安にしたことを深く反省し、今後同じような事故が２度と起きないようにしてほしい。（３年／女子）

✳もし10年後症状が出たら、生まれる子どもも心配

私ははじめ、放射能という言葉を聞いて全然ピンとこなくて、何のことだかわからなかった。30日には学校に５時まで残されるし、あまり理解できなかった。でも家に帰ってみると、テレビのニュースですごく大きく放送されていて、どんなに大きな事故が起こっていたかわかった。

人の命を奪ってしまうかもしれないほどの仕事をしているなら、ちゃんと安全に気をつけてほしい。10キロという距離の人々を恐怖に陥れ、最悪の事態を起こしたと思う。もうこんなことが絶対に起こらないように責任をとってもらいたい。

もし10年後、症状が出たり、子どもに何かあったらどうしようという不安がみんなにあると思う。（２年／女子）

※この章のレポートと高校生の証言は「月刊ジュ・パンス」1999年11月号（高文研発行）に掲載されたものです。

Ⅱ

旧動燃が引き起こしたＪＣＯ臨界事故

バケツ作業だけなら臨界事故はなかった

名城大学教授　**槌田　敦**

✳消された「動燃と科学技術庁の責任」

ＪＣＯ臨界事故は、旧動燃(現・核燃料サイクル開発機構、以下動燃という)によって引き起こされ、２人を殺害し、667人を放射線にさらしました。このＪＣＯ事件の刑事裁判では、科学技術庁と動燃は免責され、ＪＣＯに対しては罰金100万円、その社員６人は全員有罪、しかし執行猶予付きでした（判決は2003年３月３日、水戸地方裁判所。判決内容は【表１】参照)。

事故を起こしたのはＪＣＯで、２人の殺害と多数の被曝者を考えると、罰金100万円はあまりにも少なすぎます。そして管理職が罪を負うのは当然ですが、臨界の危険とは知らずに作業して被曝した横川豊氏（製造グループスペシャルクルー副長)、そして臨界について相談され意見を述べたことを「承認した」とされてしまった担当外の竹村健司氏（製造部計画グループ主任)、この末端社員２名に罪はありません。しかもＪＣＯは、竹村氏に対し、

【表１】ＪＣＯ裁判判決内容
（かっこ内は事故当時の役職および求刑）

被　告	罪　状	量　刑
法人としてのＪＣＯ	労働安全衛生法違反 原子炉等規制法違反	罰金100万円 （罰金100万円）
越島　建三 （東海事業所長）	業務上過失致死 原子炉等規制法違反 労働安全衛生法違反	禁固３年、執行猶予５年、 罰金50万円 （禁固４年、罰金50万円）
加藤　裕正 （製造部長兼製造グループ長）	業務上過失致死 原子炉等規制法違反	禁固３年、執行猶予４年 （禁固３年６ケ月）
小川　弘行 （計画グループ長）	業務上過失致死 原子炉等規制法違反	禁固２年、執行猶予３年 （禁固３年）
渡辺　弘 （製造グループ職場長）	業務上過失致死	禁固２年、執行猶予３年 （禁固３年）
竹村　健司 （計画グループ主任）	業務上過失致死	禁固２年６ケ月、 執行猶予４年（禁固３年）
横川　豊 （スペシャルクルー副長）	業務上過失致死	禁固２年、執行猶予３年 （禁固２年６ケ月）

社員として会社に有利になるように証言させたうえで、判決の直前に解雇処分にしたのです。

そもそもこの事故は、科学技術庁や原子力安全委員会などが安全審査をおざなりにしたことで発生しました。臨界をよく知らない者が作業しても、臨界にならないようにすることは可能なのですから、それを許可基準にしなかった国こそ責任を負うべきで、このずさんな審査をした審査官こそ裁かれるべきでした。しかし、水戸地方検察庁は起訴せず、水戸地方裁判所もこの点に一切触れることなく、「被告弁護団が行政当局をとやかく言うのは責任転嫁」と断じました。

このようにおざなりの安全審査でしたが、それでもその基準が守られていれば事故にはなりません。したがって、それが守れなかった原因を示す必要があります。それは、被告側も強く主張しましたが、動燃による濃度の「均一化」という無理な注文でした。これにより事故が引き起こされたのです。この無理な注文は、ウラン搬送に当たって動燃が行うべき計量作業を軽減するためのもので、当然動燃とその関係者も起訴され、断罪されるべきでした。しかし、地裁は、無理な発注という事実を認めず、「均一化」が無理ならばそれを承知で受注した方が悪いとして、動燃を免責しました。この報告では、主に、この動燃の犯罪について述べることにします。

ところで、事故処理のため現場を指揮した住田原子力安全委員と、それに協力した東海村の原子力技術者や医師たちはまったく無能でした。彼らは臨界事故と聞いて動転し、臨界が継続しているかどうかさえ考えなかったのです。そして臨界が続いていることを知った後も、これを止める方法がわからなくて右往左往するばかりでした。さらに、このような原子炉災害では短半減期のヨウ素群こそもっとも恐ろしい放射能であるとは考えず、その対策を一切しなかったのです。

彼らが適切に対処していれば、中性子による外部被曝も、ヨウ素群による内部被曝も、それぞれ10分の１にできたのです。そこで、彼らの無能ぶりについても述べ、将来発生するかもしれない原発事故について考えようと思います。

✳核兵器用プルトニウムを生産する高速実験炉「常陽」

動燃に高速実験炉「常陽」という原子炉があります。皆さんはご存じないかもしれませんが、この原子炉はこれまでに核兵器用のプルトニウムを30キロほど生産しました。

「普通の原発で得られるプルトニウムでも原爆がつくれる」な

どと言う人たちがいますが、それで原爆をつくった国はひとつもありません。ＫＥＤＯ（朝鮮半島エネルギー開発機構）にもとづいて、日本と韓国は北朝鮮に軽水炉型の原発建設資金を提供しましたが、この原子炉では原爆に使えるプルトニウムは生産できません。

原爆をつくるには、質量数が239から242までのプルトニウム群の中で、燃えるプルトニウム239が96％以上含まれるプルトニウムを生産しなければなりません。この核兵器用のプルトニウムを生産するには、軽水炉という普通の原子炉ではだめで、黒鉛炉や重水炉や高速炉という、特殊な原子炉が必要なのです。

この高速炉「常陽」は初期の運転で、核兵器用プルトニウムを製造しましたが、これが核兵器開発につながると問題になって、現在はこの核兵器用プルトニウムを作るブランケット部分を取り外し、高速中性子実験用の原子炉として運転しています。したがって今は作っていないのですが、ブランケットを再装荷すればいつでも核兵器用プルトニウムを生産できます。

「常陽」がすでに製造した30キロの核兵器用プルトニウムは、動燃大洗《おおあらい》に貯蔵してあるといいます。また、高速増殖炉「もんじゅ」は事故前の運転で核兵器用プルトニウムを80キロほど生産したと考えられますから、日本は核兵器用プルトニウムを合計して100キロ以上所有しています。

この核兵器用プルトニウム２キロで１発の原爆ができますので、これを用いれば、日本はいつでも原爆50発の核武装ができるのです。

この事実については、推進派もマスコミも、そして脱原発派や原水爆禁止運動家の多くも、知っていながら口を閉ざしています。

▲事故当日に使われたものと同型のステンレスバケツ（読売新聞提供）

この人たちはこの事実を「日本にとって都合が悪く、世間に知られたくないこと」と考えているのですね。

このような特殊な目的のため、「常陽」は普通の軽水炉原発とは違って、ウラン235の濃縮度を20％（正確には18.8％）に高めたウランと、普通の原子炉から得られるプルトニウムを混ぜて燃料にします。そのいわく付きの「常陽」のウラン燃料を精製する工場が、住友金属鉱山の子会社のＪＣＯだったのです。

検察と地裁が、このＪＣＯ事故で国と動燃を免責したのは、「常陽」の核兵器製造能力が公衆の面前に明らかになることを恐れたからと思われます。そこで利用したのが「原子力でバケツを使っていた」というショッキングな話題でした。判決でも原子炉等規制法違反の事実として、このバケツの使用をあげ、ＪＣＯに一切の責任を押しつけました。

【図 1】JCOに出現した裸の液体原子炉

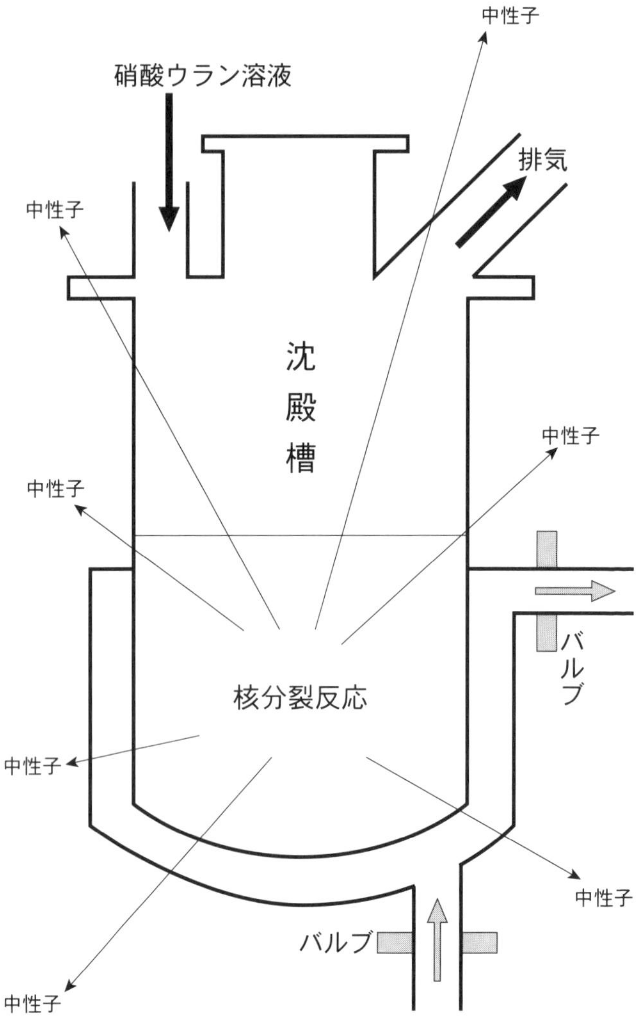

【図 2】核分裂反応の臨界

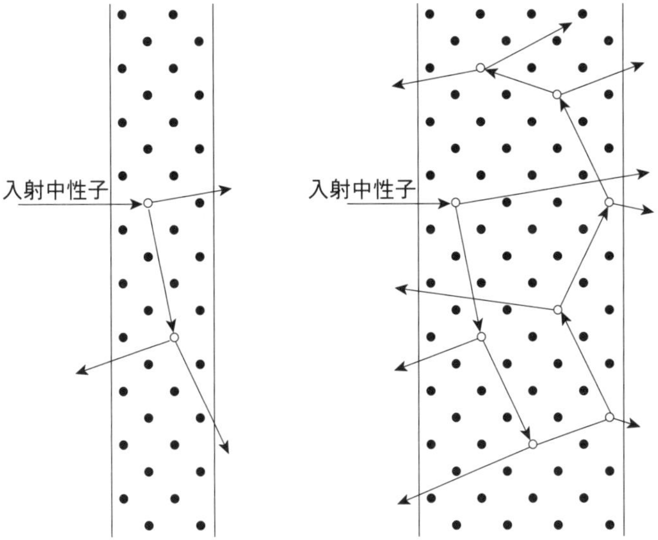

（A）未臨界　　　　　　　　（B）臨　界

矢印は中性子、黒丸はウラン原子核、白丸は核分裂したウラン原子核。ウランの核分裂で生ずる中性子は平均2.4個だが、この内平均して1個以上が次の核分裂を引き起こす時、連鎖反応となる。

＊「臨界管理」—形状管理をすれば起こらなかった事故

事故は転換試験棟の中でバケツに酸化ウラン粉末を入れ、硝酸に溶かし、これをビーカーで沈殿槽に移す過程で起こりました。約15キロのウランを含む溶液を入れた沈殿槽の中で核分裂反応が臨界に達し、沈殿槽が液体原子炉になってしまったのです【図１】。

【表２】ウラン水溶液の臨界管理

※濃縮度20％以下、単独の容器の場合

形状管理された容器	円筒制限 または平盤制限 または球体制限	太さ　17.5センチ以内 厚さ　6.9センチ以内 容積　9.5リットル以内
その他の容器	質量制限	重量　ウラン2.4キロ以内 （理論上は5.5キロ以内）

この「臨界」ということばは、原子力特有のことばです。核分裂で発生した中性子が次々と核分裂を引き起こし、いわゆる連鎖反応状態になることを臨界といいます。原爆も原子炉も臨界になることでエネルギーが取り出せます。ところで、この臨界になるには、装置の大きさが必要です。小さいと次の核分裂を起こす前に中性子がウラン燃料の外へすべてぬけ出てしまい、連鎖反応にならないからです【図２】。なお、連鎖反応の最初は宇宙線などによる中性子の入射です。

そこで、ウラン燃料を安全に加工するには、装置の大きさを制限すればよいことがわかります。これを「形状管理」といいます。「常陽」で使うウランは、濃縮度が20％以下ですから、そのウラン溶液は、【表２】に示したような条件が満たされるかぎり、臨界にはなりません。臨界にしないことは実に簡単なことで、作業員の過失の生ずる余地はないのです。

ＪＣＯの本業は通常の原発で使う濃縮度５％程度の低濃縮ウランの加工ですが、この場合は通常の原子炉ほどの大きさにならなければ臨界にはなりません。ＪＣＯの原発燃料の加工装置は原発に比べれば十分に小さいので、臨界の心配はありません。

しかし、副業の高速炉「常陽」の燃料加工の場合は、濃縮度20

%程度の中濃縮ウランですから、臨界になる大きさは【表２】に示されるように10センチ程度で、その臨界管理を徹底する必要がありました。

この「常陽」の燃料加工に用いる容器の容量は、どれも数十リットルですが、溶解塔と貯塔は太さは17センチで、大きさにより形状管理され、連続作業するように設計されています。しかし、沈殿槽は太さが45センチもあって、形状管理されていません。そのため１回の操作で扱えるウランの量は精製の全工程で2.4キロ以内と制限されていました。このように連続作業ではなく、一定量の原料を投入して作業することを「１バッチ（batch＝１群）縛り」といいます。

ところで、重量による質量管理では計量失敗などの人為ミスの心配があります。今回の事故は、質量制限を超えてウランを注入したことで事故になったのです。しかし、形状管理されていれば水溶液では人為ミスは発生しません。そこで、特別の理由がない限り燃料加工では形状管理が原則です。

1960年代に、各国のウラン燃料工場で臨界事故が頻発しました。その経験から、可能な限り形状管理にしなければならないという原則が得られたのですが、ＪＣＯでは形状管理と質量管理を混ぜたために、各国よりも30数年も遅れて、1999年に人為ミスによる臨界事故を起こしてしまったのです。日本の原子力水準を示す、きわめて恥ずかしい事故であったといわねばなりません。

✳「安全審査官」は動燃からの出向者

動燃「常陽」のためのウラン燃料加工は、２種類の工程から成り立っています。

第１の精製・粉末化工程は、動燃の所有する中濃縮ウランの酸化物（不純物を含む）を溶解塔に入れ、硝酸を加えて溶解し、抽出塔で溶媒抽出し、貯塔に一時溜めて、これを沈殿槽に移し、アンモニアを加えて沈殿させ、加熱してウラン酸化物の精製粉末にして、動燃に納入するというものです。

第２の再溶解・均一化工程は、この精製したウラン酸化物を硝酸に再溶解し、均一なウラン水溶液を製造して動燃に納入するというものです。

この第１の工程のすべての作業と第２の工程のうち、再溶解の作業については科技庁の安全審査で許可されています。しかし、この安全審査そのものに、問題があったのです。

この安全審査をした審査官は、動燃から科技庁に出向してきた吉田守という人です。その人物が動燃の原子炉の「常陽」に使う燃料を精製する装置について、ほとんどすべてに形状管理を要求したのですが、沈殿槽だけは形状管理せず、質量管理で済ませました。

この沈殿槽は濃縮度10％程度のウランの精製に使うものでしたが、これを濃縮度20％の中濃縮ウランの精製にそのまま転用することを許可したのです。その理由は示されていません。おそらくこの沈殿槽は性能がよくできていて、これを変更して新しく形状管理された沈殿槽を作るには研究開発に時間がかかり、また再審査請求しなければならず、「常陽」の運転計画に差しさわりがあるからでしょう。

そこで、吉田審査官は、精製の全工程にウランを2.4キロしか入れてはならないという「１バッチ縛り」で操業するという条件で許可しました。このようにして、形状管理されていて連続作業の可能な溶解塔や貯塔も、「１バッチ縛り」で質量管理するという混乱した管理方法をとることになりました。その結果、人為ミスを誘発することになり、事故となったのです。

そのうえ、溶解塔は２つの抽出塔を経て貯塔につながり、連続作業するように設計されていますから、このような「１バッチ縛り」で作業することは不可能でした。そこで、ＪＣＯは最初からこの「１バッチ縛り」という条件を破って、連続作業していました。吉田審査官は、現実の装置を調査せず、仮想的な審査をして、作業を許可したのでした。

けれども、この精製作業では沈殿槽に供給するウランの濃度は50グラム／リットルと薄く、注入する液量は50リットル以下で、また沈殿を作るためにアンモニアを加える作業は連続作業では不可能でしたから、結果として沈殿槽に注入されるウランは「１バッチ縛り」になっていました。したがって、第１の精製・粉末化工程では、全工程「１バッチ縛り」という制限に違反して連続作業しても別に問題ではなかったのです【図３】。

✴危険きわまりない「枠取り」

しかし、第２の再溶解・均一化工程では、溶液のウラン濃度は370グラム／リットルと非常に濃いのです。ウラン2.4キロで「１バッチ縛り」としますと、その容積は6.5リットルとなり、容積が数十リットルの溶解塔や貯塔に入れますと、底にわずか入っている程度で、しかも途中の配管にも溜まりますから、とても作業のできる量ではありません。

そこで、ＪＣＯはこの再溶解も連続作業にしたのですが、溶解塔や貯塔は形状管理されていますから、「１バッチ縛り」を気に

【図３】精製・粉末化工程

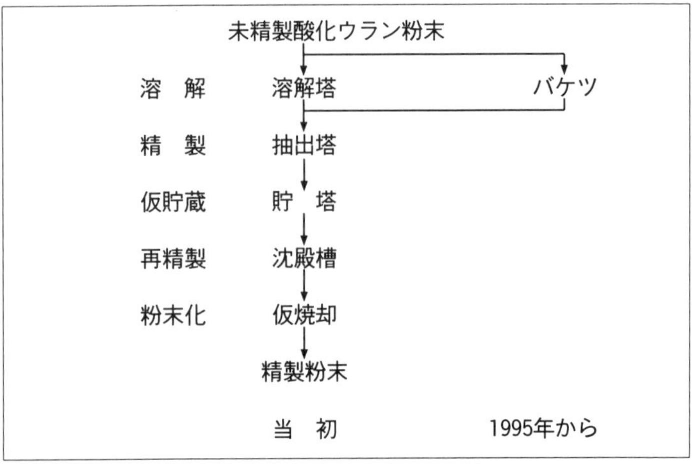

する必要はありません。しかし、沈殿槽を使用すれば危険です。したがって、「人為ミスがあれば臨界問題になるような装置が同じ作業室にあることを、この吉田審査官が許可したこと」に問題があったのです。

実は、今回の刑事裁判で、この吉田審査官はこの再溶解について、どの容器をどのように使うかを指定せず、おおまかに「枠取り」として許可したことも明らかになりました。

彼が安全審査をしていたころ、酸化ウランを再溶解し、溶液の形で納入することについて、具体的には何も決まっていなかったのです。どのような製品にするかが決まっていないのですから、どのような装置でどのように作業するのかも決まらず、審査のしようがないのです。したがって、吉田審査官は再溶解を審査すべきではなかったのです。しかし、彼はこれを「枠取り」として許可しました。

「枠取り」ですから、実際の作業はＪＣＯの判断にまかせられることになります。吉田審査官は動燃から科技庁への出向ですから、動燃の都合のよい作業ができるように配慮したのです。

しかし、臨界に関する安全審査で、自主的に作業方法を決定できる「枠取り」という許可は危険です。装置や手順を決めて、臨界を防ぐ手段を詳細に示す必要があります。ところが、吉田審査官はこれをしませんでした。したがって、吉田はこの事件の重要被告にすべき人物でしたが、水戸地検は理由を示さず吉田審査官を免責し、起訴しませんでした。

さらに驚くべきことは、吉田審査官は、動燃が「常陽」の運転で将来計画する濃縮度50％というきわめて危険なウランの精製と再溶解についても、すべて質量制限という条件で「枠取り」として許可していたことが、このＪＣＯ刑事裁判で明らかになりました。

ウランは濃縮度60％以上で核兵器が作れます。そのような軍用ウランに近い濃縮度50％のウランは、全工程を形状管理して安全を確保しなければなりません。しかし、吉田審査官は、質量管理という条件だけで、その具体的な手順を一切ＪＣＯにまかせました。

すでに述べましたが、第１の精製・粉末化工程で使う装置は連続作業するように設計されていて、バッチ縛りでは使用できません。そこで、もしも、濃縮度50％のウランをこの装置に注入すれば、人為ミスがなくとも臨界事故になってしまいます。この危険きわまりない「枠取り」を吉田審査官ひとりに許可させて、それをチェックしなかった科技庁や安全委員会には寒気がします。この科技庁や安全委員会も被告とされるべきだったのです。

✳無理な「均一化の注文」は動燃の責任

ところで、安全審査のでたらめさだけでは事故にはなりません。第２の再溶解・均一化工程でも沈殿槽を使わない限り、臨界事故にはなりません。そこで、この作業にどうして沈殿槽を使うことになったのかを明らかにする必要があります。

動燃は当初、ＪＣＯにウラン酸化物の精製粉末だけを納入させていました。しかし、1986年から、粉末と溶液の両方を納入するように契約の変更を求めました。そのウラン溶液の仕様は契約書によりますと、「この精製ウラン酸化物を硝酸に溶かし、ウラン370グラム／リットルの濃度で40リットルを１ロットとして動燃に納入する」というものです。

１ロットとは作業および運搬の単位ですが、含まれるウランの量は14.8キロで、「１バッチ縛り」の制限量2.4キロの６倍強になります。けれども、これだけならば、溶解作業を６～７回すればよく、沈殿槽など使う必要がありませんから、事故にはなりません。

この契約にあたって、動燃はこの溶液濃度を均一にするよう「契約外」の注文をしました。ところが、この均一化の作業は安全審査されていないのです。それなのに「動燃が製品溶液の均一化を注文し」、その結果「臨界事故にしてしまった」のです。これが最大の問題です。

なぜ、動燃が濃度の均一化の作業を注文したのかといいますと、核燃料の管理上、動燃はＪＣＯから搬送されるウランの量を正確に計量しなければなりません。ところが、４リットル容器10本で納入させるので、その10本の容器すべてについてウランの量を動燃は計量しなければならないことになります。それでは手間がかかります。そこで、10本のウラン濃度を均一にしておけば、1本だけ測定し、それを10倍してウランの受け取り量を確認できるというわけです。

核物質の計量管理以外に、濃度を均一にしなければならない理由はありませんから、この「動燃の手抜き作業のために均一化を注文したこと」が、臨界事故の基本的原因ということになります。

このようにして動燃は手抜きをして作業が楽になったのですが、そのかわりにＪＣＯはこの均一化で困り果てました。というのは、ウラン取扱量を2.4キロに制限しておいて、その6倍以上のウラン14.8キロの溶液を「まとめて均一化」することは論理的にも実際にも不可能だからです。精製工程でのウラン濃度とは違って、再溶解する製品の濃度は高く危険なので、「まとめて均一化」するには形状管理された装置が必要です。

実は、精製した酸化ウラン14.8キロを硝酸に溶解して40リットルの溶液にし、これを均一にする攪拌《かくはん》器を内蔵した装置を作ることは簡単でした。【表2】の臨界条件を満たしていればよいのです。しかし、そのためにはこの装置を設計し、安全審査し、製作しなければなりませんが、動燃は生産を急ぐようＪＣＯに要求しました。そこでＪＣＯは安全審査されていない均一化の作業にも、再溶解で許可されていた「枠取り」の利点を使うことにしたのです。

ＪＣＯはここで間違えたのです。再溶解と均一化の作業は1回限りではないのですから、動燃を説得して安全な装置を作り、審査を受けるべきだったのです。しかし、それをしないで、「枠取り」として許可された再溶解に飛びついてしまったのです。

「枠取り」ですから、どのような方法にするかは、実際にやっ

【図4】再溶解・均一化工程

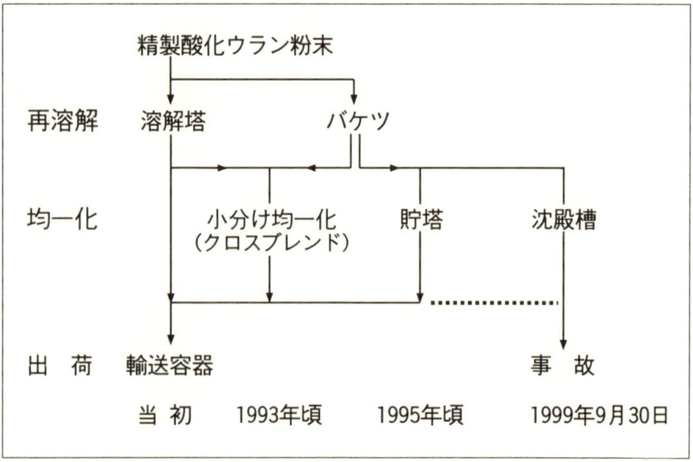

てみてのことということになります。しかし、これが次に述べるようにうまくいかず、二転三転することになります【図4】。

✴均一化作業の試行錯誤

最初の頃は、再溶解作業では精製工程で用いる溶解塔で酸化ウランを溶解し、均一化作業では「クロスブレンド法」を使うことにしました。これは、まず溶解した40リットルの溶液を４リットルの容器10本に分け、その中から0.4リットルずつ小分けして集め、改めて１本にするという方法です。

しかし、この精製した酸化ウランを溶解塔で溶解しますと、せっかく精製した酸化ウランに溶解塔に残る不純物が混ざることになります。溶解塔は分解洗浄ができないだけでなく、内部がメッシュ(網)構造になっていて手間をかけても十分には洗浄できないのです。これでは不純物に関する契約条件を満たせません。

そのうえ、溶解塔は同時平行して作業する精製工程でも使うので、再溶解はバケツを使うことにしました。これはきわめてうまくいきました。不純物混入の心配がなく、作業も簡単です。

このバケツの使用が非難されています。バケツというから「雑巾バケツ」が想像されるのです。しかし、このステンレス製のバケツを使用するかぎり、その大きさは10リットル（注）ですから、形状管理の9.5リットルとほとんど同じで安全です。バケツは球形ではなく、この程度の差は誤差の範囲です。

一方、クロスブレンド法はほめられた方法ではありません。汲み出す操作の数は10回×10本で100回の作業が必要です。また、臨界対策のため容器は40センチ以上離れていますので、この0.4リットルの汲み出し作業は中腰の手作業で、持ち運ぶ距離の合計は大変です。これは化学的労働災害につながります。

そこで作業者の負担を減らすため、貯塔にパイプとポンプをつけて循環させ、混合均一化することにしました。これは装置の変更ですが、ＪＣＯは安全審査を請求しませんでした。しかし、これでは貯塔の洗浄と貯塔による均一化作業に時間がかかり、また貯塔の取り出し口が低くて、溶液の汲みだしにヒシャクを使わなければならないなど、作業者に別の負担を強いることになりました。

（注）安全委員会最終報告書ではバケツの大きさは10リットルと書いてあります。しかし、検察の冒頭陳述書では18リットルでした。18リットルバケツとしても、溶解などの作業ではバケツを半分程度で使うことになります。実際の溶解作業での溶液の量は6.5リットルでした。これでは臨界事故にはなりません。

✴沈殿槽はなぜ原子炉（臨界）になったのか

このようにして貯塔やクロスブレンド法では均一化するのに時間がかかり、作業が複雑になるので、撹拌器のついている沈殿槽で一挙に均一化することにしたのです。作業員はこの沈殿槽に2.4キロ以上のウランを入れてはいけないなどということを聞いてはいません。指示書には、この沈殿槽でウランの沈殿を2.4キロ以上作ってはいけないと書いてありますが、横川氏から相談を受けた品質担当の竹村氏はその意味を「沈殿さえ生じなければよい」と勘違いしていたのです。この２人は、この程度の臨界の知識でした。

貯塔と沈殿槽はほとんど同じ容量です。貯塔には大量のウラン溶液を入れてもよく、実際にそのようにして均一化していたのです。ここで注意すべきことは、「容器の太さが貯塔は17センチで、一方、沈殿槽は45センチであった」ということです。その違いが「臨界」という重大な結果をもたらすということを、横川氏も竹村氏も教えられてはいなかったのです。そこでこの沈殿槽の中に１ロット分約15キロのウランを入れてしまい、沈殿槽を原子炉にしてしまったのです。

どの装置も同じ条件で使用するように作られていれば、作業者は混乱せず、間違いなくていいのですけれど、「ある部分は形状管理されて絶対に臨界など起こらない。しかし、他のものは使い方によっては臨界が起こる」ということになれば、仮に、臨界教育を受けた作業員であったとしても、混乱してしまいます。つまり、事故の基本的原因は「吉田安全審査官が全面的に形状管理にしなかったこと」で、その結果として人為ミスを誘発した、ということになります。したがって、この国のでたらめな安全審査が事故の原因であり、その刑事責任は吉田審査官が負うべきです。

✴契約書にはどのように書かれていたのか

以上述べましたように、安全審査で許可を受けていない均一化作業をしたことが事故を起こした原因なのですが、これが動燃とＪＣＯの間の契約書にどのように書かれているかが問題になります。

安全委員会の調査報告書には「発注者（動燃）との契約上、均一な溶液を維持する必要があった」と書いてあります。しかし、動燃とＪＣＯの間の契約書には、「濃度を均一にする」などということは書いてありません。

契約書には「ウランの濃度は350グラム±30グラム」とあります。濃度は1リットルの中に320グラムから380グラムの範囲ならばよいのです。これは最初のころの契約なのですが、途中で契約は変更されて、「１リットル中に380グラム以下」と書いてあります。「以下」というのでは、「均一」などとは到底言えません。動燃は契約書上は濃度の均一化を要求していないのです。

しかし、動燃にとって均一化は核物質の管理上都合がよかったのです。すでに述べましたが、動燃が受け取ったウランの量を計量するのに、10本全部について計量する代わりに、１本だけ計量してその10倍の量を受け取ったことにすることができるからです。そこで、これを契約書には書かず、実際には厳しくＪＣＯに均一化を要求して、事故にしてしまったのです。

そこでもう少し契約書の中身を調べてみますと、とんでもないことが判明しました。そこで私は、ＪＣＯ刑事事件の鈴木秀行裁

【表３】硝酸ウラニル溶液製造に関する
契約数量、総額と単価、溶解の単価と費用

契約番号	契約年月	製品 (kgU)	契約金額 (万円)	単価 (万円/kgU)	溶解単価 (万円/kgU)	溶解の費用 (万円)
①	86.3	粉末485	10500	21.6	─	─
変更①'	86.10	粉末252、溶液233	10416	21.5	─	─
再変更①"	87.6	粉末199、溶液286	10458	21.6	─	─
②	92.12	溶液72	1850	25.7	4.1	295
③	93.4	溶液131	3462	26.4	4.8	629
④	95.9	溶液218	5160	23.7	2.1	458
⑤	96.8	溶液100	3194	31.9	10.3	1030
⑥	99.9	溶液 57	1958	34.4	12.8	730
計		粉末199、溶液864	26082			3142

判長に手紙を書きました。

【表３】はこの手紙に添付したものですが、契約は全部で６つあります。そのうち契約①は２度変更になっています。最初は1986年３月の契約で、その時は溶液を作るという契約ではなかったのです。それが変更されて①'となり、さらに変更されて①"となって、およそ半分を粉末で提供し、残りを溶液で提供することになります。

✴単価はなぜ大幅に上がったのか

その時の単価は、粉末・溶液にかかわらず１キロあたり22万円弱です。だから溶液を作り、これを均一化するのがそれほど面倒とはＪＣＯも動燃も思っていなかったのです。溶液を作ることでかえって単価が下がっているほどです。

ところが【表３】の②から⑥を見ますと、再溶解・均一化工程の単価はどんどん上がります。事件を起こした1999年９月の契約では34万円強となりました。溶液にすると１キロあたり13万円ほどの増額になります。最初は溶液の製造に無料の契約をしておきながら、年を経るにつれ大幅に単価を上げた、ここに問題があるのです。なぜ動燃はＪＣＯに対して高額の支払いをすることにしたのでしょうか。

実をいいますと、「まとめて均一化」するのではなく、４リットルの容器ごとに「個別に溶液を製造」しても均一な濃度の溶液を製造できます。まず、精製した酸化ウランの粉末を化学天秤ではかります。濃度は１リットルの中に370グラムですから、４リットルの容器につめるのでその４倍の1.48キロのウランをはかり、それを形状管理された10リットルのバケツに入れて、硝酸に溶かして４リットルにし、それを搬出容器に移せばよいのです。それを10回すれば１ロットの出来上がりです。

そして、充填《じゅうてん》した容器と空の容器の重量差を計量すれば、搬送したウラン量の確認に必要な均一性は証明できます。このように、均一に再溶解する作業は実に簡単で、キロ当たり13万円近くもかかるわけがありません。

10リットルのバケツを使って溶解すれば、形状管理されていて臨界にはなりません。重量的にも１回に1.48キロですから、「１バッチ縛り」も満たしています。臨界事故の心配などないのです。

この裁判長への手紙は、検事と弁護団にも届けました。その結果、弁護団の書いた最終弁論要旨（2002年10月21日）では、私の指摘に対し、「濃度370ｇU／１の溶液を４リットルずつ10回作るのでは、濃度や不純物の量が微妙に異なることになる」（50ページ）と反論しています。しかし、重量と容量は極めて正確に測れますので、濃度はまったく均一です。また、使っている酸化ウランはＪＣＯ自慢の精製作業で得たもので、不純物はほとんど含まれていませんから均一です。したがって、私の指摘した方法では、溶液均一化の作業はまったく必要がないのです。

仮に、精製工程ごとに粉末酸化ウランの重量割合や不純物が微妙に違うという弁護団の主張を認めたとしても、１ロット分の14.8キロ（容積約1.8リットル）を粉末状態で混合して均一化しておけばよく、弁護団の主張は成立しません。この程度のウランの量では、粉末状態での作業で臨界になることはありません。水がなければ連鎖反応しにくいのです。

✴動燃の「大盤振る舞い」の隠された意図は

ここで大問題が見つかりました。酸化ウランの溶液を製造する作業はこのように簡単ですから、これまでどおり、ＪＣＯには粉末で納入させ、動燃自身で再溶解すればよいのです。この場合、動燃からウランの出入りはないので、計量管理のための均一化の作業も必要ありません。

それにもかかわらず、再溶解をＪＣＯにさせて、大盤振る舞いして、不当な大金をＪＣＯに渡したのです。裁判長への手紙にはこのことも書きましたが、このような道理に合わない行為は、動燃が特殊法人であることと関係します。推測ですが、「動燃は住民対策として裏金が必要で、これを一部取り戻してこの裏金作りをした」と考えれば、非常によくわかります。

10リットルのバケツで1.48キロのウランを硝酸で溶かし、４リットルの溶液にするという作業では、キロあたり13万円は払えません。そこで、操作を複雑にして、装置を改造したり、洗浄したりする費用がかかる、作業者はたくさん必要だし、何日もかけて仕事するし、それやこれや理由を付けて単価を吊り上げてＪＣＯにお金を渡したのです。

たとえば、事故を起こした日の作業は実際には３人の作業なのに、７人で作業することになっています(朝日新聞 99. 12. 5)。この再溶解工程全体でその費用の総額は3100万円です。事故を起こした契約では、３人が数日働いて730万円を稼ぐことになっていました。

この「常陽」の燃料加工はＪＣＯの稼ぎ頭です。この燃料加工はＪＣＯの本業ではありません。本業は原発用の燃料を精製することで、それでお金を稼いでいます。検事の冒頭陳述書によれば、「常陽」の燃料加工は全体の0. 02％です。しかし、売り上げは1. 5％です。単価でいいますと75倍の稼ぎ頭です。ここに問題の本質があります。こじつけてでも稼ごうとして、動燃の大盤振る舞いの誘いに乗り、動燃の無理な注文を受け入れて作業をした結果、事故にしてしまったのです。

✴「無理な注文」が臨界事故の原因

このように大盤振る舞いを食べてしまったＪＣＯは責任を逃れられませんが、濃縮度20％のウラン溶液でも10リットルのバケツで作業する限り事故はないのです。しかし、これではＪＣＯに高額のお金が渡せない。そこで、１ロット分40リットルを均一にするように、動燃は契約外の強要をしたのです。この濃度の均一化を契約書に書けなかった理由は、40リットルの溶液に含まれるウランの量は14. 8キロですが、これを「まとめて均一化」すると１

バッチ2.4キロの制限に違反することになるという事情もその理由と思われます。

文部科学省（科技庁）は、2003年２月に社民党に対して「動燃とＪＣＯの契約書にある『化学的性質の均一化』とは、濃度、不純物等の均一化である」と回答しました。濃度は物理的性質ですから、こじつけ解釈なのですが、この文科省解釈では、動燃は臨界条件に抵触する契約をＪＣＯとしたことになり、動燃の犯罪を文科省が認めたことになります。

実際の交渉では、ＪＣＯは、この制限量の2.4キロを１ロットとするよう、契約書の変更を提案しました。しかし、動燃はこれを拒否したこともこの刑事裁判であきらかになっています。その結果としての事故ですから、動燃の無理な注文が事故にしてしまったことになります。

地裁は、「これが無理な注文ならば、断らなかったＪＣＯが悪い」としています。その通りですが、これにより無理な注文をした動燃が免責されることにはならないはずです。

動燃の責任こそ追及されるべきです。しかし、弁護団は、検察のいう事実はすべて認めたうえで被告の情状酌量を願い、執行猶予だけを求めるという戦術をとりましたから、動燃に関する事実も被告の減刑に関係することだけしか論じず、甘かったのです。そして、地裁は、この情状酌量を受け入れ、執行猶予にさえすれば、被告側は控訴しないことが確実でしたから、国と動燃を免責して、気楽に被告の有罪判決ができたのです。日本の裁判はこの程度のものというところでしょうか。

✶「臨界」を理解していなかった原子力技術者たち

このＪＣＯ臨界事故のもう１つの特徴は、日本の原子力技術者たちが原子力に関する基礎的な事柄も理解していないということが分かったことです。

この臨界は９月30日の午前10時35分に発生しました。ＪＣＯでは臨界など起こるとは思っていないものですから、格納容器はなく、裸の液体原子炉となりました。そして、この原子炉は20時間にわたり「自動運転」したのです。液体または粉体を水に沈めた原子炉は実に簡単に作れるのです。

臨界事故の発生については、10分後にはＪＣＯは各方面に通知しましたから、東海村の原子力技術者や安全委員会も知ることができました。しかし、これが「自動運転」状態になっているとは誰も考えませんでした。「臨界というものは瞬間的に起こって止まるものだ」とすべての原子炉技術者たちは思い込んでいたからです。

核分裂したウランの量は全体で１ミリグラムということですが、最初の30分くらいの量に対して、残りの19時間の量は10倍ほどと推定されています。臨界が継続していることを知らなかったことで、被曝を10倍に増やしてしまいました。

臨界が続いていることは、ガンマ線が減衰しないことだけでもわかります。核分裂反応がほんの短い時間起こり、そこで臨界が止まったとしますと、その後ガンマ線は急速に減ります。それは核分裂反応が起こると短い寿命の放射能がたくさんできて、それがすぐになくなってしまうからです。

ガンマ線が続いて大量に出ているのに、住田安全委員も東海村の原子力技術者たちも臨界が続いているとは考えなかったのです。この人たちには原子力の基礎知識がまるでないことになります。

【図5】原研・那珂研究所で観測された中性子線

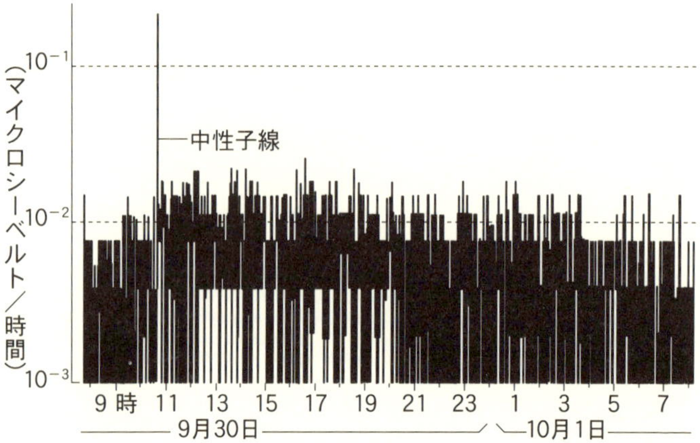

ＪＣＯのすぐ近くに原研核融合施設があります。核融合が起こると環境に中性子が漏れるので、それを測定する機器を２つ持っています。その１つが動いたのです【図５】。しかし、もう１つの測定機器は動かなかった。そこで原研の人たちは「測定機器が故障した」とか、「近くで草刈りをしていたのでそれによる反応だ」と思ったというのです。

しかし、同時に、異常なガンマ線を観測しているのですから、測定機器の故障というわけにはいきません。また、臨界が続いていたことは、その後の中性子線が平常値よりも高いのですから、当然理解できるはずでした。

ところで、もう１つの中性子検出器が作動しなかったのは、この原研の敷地が広いので、ＪＣＯに近い側で中性子が検出されても、距離の効果で遠い方では検出できなかったからです。それは当然のことでした。中性子線は距離が離れると、空気中の水蒸気によって急速に少なくなるのです。

事故後５時間ぐらいしてから、原子力関係者が中性子の測定器をもってＪＣＯの周辺を念のため測定して歩き、はじめて臨界が続いていることが分かったというのです。

✳「無能」が招いた被曝の拡大

さて臨界を止めなければならないのですが、自動運転している原子炉をどうやって止めたらいいのか、集まった安全委員だけでなく、東海村の原子力技術者にもわからなかったのです。７時間後に、沈殿槽のまわりが冷却水で包まれているという情報が入りましたが、無視されました。

時間がどんどん経ってしまいます。ようやく、この冷却水を抜きとれば臨界は収まるかもしれないと気づきました。冷却水が中性子を反射してウラン溶液に戻しているのです。

事故から16時間後に給水バルブを閉め、排水バルブを開けましたが水は抜けません。そこでパイプにもうひとつ穴を開ければよいということになり、17時間後に、決死隊を組織してパイプを破壊しましたが、やはり水は抜けない。排水口と同じ高さのところを壊したのでは抜けるわけがないのです。中学校の理科程度の考えもなくごたごたして、やっと18時間後に配管にガスを押し込んで水を抜いて臨界を激減させ、20時間後になって臨界を収束させたのです【図６】。

現場指揮をしていた住田安全委員も、自動運転状態の原子炉をどのようにして止めればよいのか、わからなかったのです。これは、原子力工学の基本中の基本だと思うのですが。

では、どうやって止めるべきだったのでしょうか。まずは、冷

【図 6】事故を起こした沈殿槽と水抜き作業

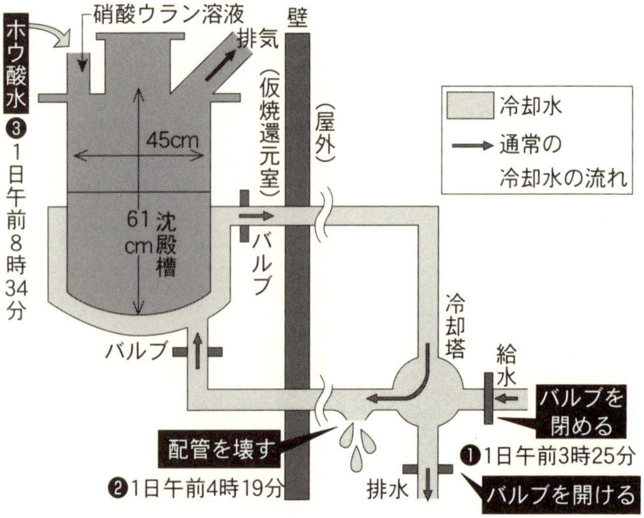

臨界事故発生から7時間後に冷却水の存在を知り、
16時間後にバルブを止め、水抜き作業を開始し、
20時間後に臨界を止めることができた。

却水の流れを止めることです。冷却を止めればウラン溶液は沸騰しますから、核分裂反応を抑えることができます。

これは沸騰水型原子炉の常識です。事実、16時間後の午前３時過ぎにバルブを閉めた後に、中性子線は半減しました。そのうえ、この沸騰で水が蒸発し、ウラン溶液の容積が減って、臨界はほどなく終了したかも知れません。

東海村の原子力技術者が核分裂についてしっかりとした知識があれば、中性子線による外部被曝を10分の１にできたのです。少なくとも臨界継続を知った時に即、冷却水を止める作業をしていれば、周辺住民の長時間被爆は半減できたのです。そして、その後に水抜きをすればよかったのです。

＊住民被曝の拡大は安全委員会の責任

もう１つ、重大なミスは、「裸の原子炉」から放射能が作業室内に漏れているのに、事故直後から12日間も、この放射能ガスを排気塔から外へ流し続けていたことです。揮発性の放射能はすべて外部に放出され、住民は放射能を浴びせられました。

「ＪＣＯ汚染空気を垂れ流し」という見出しで、朝日新聞は次のように報じました。

「臨界事故を起こした核燃料加工会社ジェー・シー・オー（ＪＣＯ）が、事故現場の転換試験棟の換気装置を発生から12日目の11日午後まで動かしたままで、放射性ガスが含まれた内部の空気が垂れ流し状態だったことが分かった。科学技術庁や茨城県も換気の停止など拡散防止措置を指示していなかった。（中略）ＪＣＯによると、７日から９日にかけて試験棟の排気筒の空気から、原子炉等規制法に定められた周辺監視区域外の限度濃度の２倍の放射性ヨウ素131を検出したため、11日午後１時から試験棟の換気を停止。ドアや窓などを目張りする防止措置をとった。」(99.10.12)

各紙はこれをＪＣＯのせいにしていますが、実は現地指導した安全委員会の責任です。残念ながら、安全委員も東海村の原子力技術者も、原子力事故の際の対応について、基本が何もわかっていなかったということになります。1995年の「もんじゅ」の事故でも、換気孔からナトリウムを含むガスが外気に漏れだし、それが隣の空調の吸気孔から吸い込まれて、「もんじゅ」の建屋全体にナトリウムを含むガスが広がったことがありました。このような事故がまったく反省されていないのです。

ＪＣＯ事故のように格納容器や遮蔽《しゃへい》のない裸の原子炉が臨界になると、外部被曝で怖いのは中性子線です。ガンマ線の10倍ぐらいの被曝になります。この臨界事故での被曝は中性子爆弾の人体実験になりました。アメリカは作業員の被曝データを持ち帰ったようです。

中性子爆弾では動物実験はできますが、人間ではできない。このＪＣＯ事故で中性子爆弾が人間に対しどのような効果があるのかがわかるので、アメリカのＩＡＥＡ（国際原子力委員会）の専門家は大いに喜んだようです。

しかし、住民の最大被曝は中性子ではありません。当時の新聞を見るとわかりますが、ＪＣＯの北側に隣接して建設材料置き場とゴルフ場があります。そこに作業員と練習中の人がいたのですが、その人たちの放射線障害の例が載っています。記事の見出しは「ゴルフ中に頭痛」、「なぜだるいこの体」、「強い吐き気」です(朝日新聞　99.10.7)。

これらは事故直後の症状で、核分裂による短い半減期のヨウ素を吸い込んだことによる急性放射線障害の典型例です。中性子線障害とは考えられません。頭にはヨウ素などの放射能がついていました。しかし、動燃の安全管理部長は、これらの症状を「心理的影響」と断定し、患者の全員を追い返してしまいました。原子力関係者も医者も、事故直後に短い半減期のヨウ素群がどのような症状を引き起こすかについて、考えたこともないのです。

✴住民が被曝した最大の原因は「ヨウ素群」

ヨウ素は揮発性です。原子力事故では、放射性ヨウ素が空気中をただよい、呼吸によって体内に入り、内部被曝の原因となります。この問題では、半減期8日のヨウ素131による甲状腺の被曝はよく知られていますが、運転中の原子炉の事故では、半減期が7時間までの短い寿命のヨウ素が最大の被曝原因になります。

【表４】を見てください。核分裂反応が終了した１分後で言いますと、１番多いのは半減期４分のヨウ素137などの放射能です。表ではまとめて「その他」としました。1時間後ではヨウ素134、１日後だとヨウ素133が最大です。これらが、空気中をただよい、呼吸により体内に取り込まれるのです。

短半減期のヨウ素群の呼吸による被曝は、１日後のヨウ素131の被曝に比べて１分後だと1万9千倍、１時間後だと440倍、１日後では23倍の量の被曝をすることになります。これらの事故直後の被曝者たちは、開けっ放しのＪＣＯの排気孔から流れてきた放射性ヨウ素群で内部被曝したのです。ところが、原子力技術者や医者たちは、事故直後ではこの揮発性の短半減期のヨウ素群による被曝がもっとも怖いということを考えたこともなかったのです。

【表５】は、京都大学の荻野晃也氏と小林圭二氏が採取したよもぎに付着したヨウ素131を、小出裕章氏が測定したデータを整理したものです。【図７】はよもぎの採取した地点です。これにより、事故を起こしたＪＣＯ転換棟の近くの公道に生えていたよもぎは、事故１日後でいずれもキロあたりヨウ素131で50ベクレル程度の汚染をしていました。

このヨウ素131の量と【表４】により、よもぎに付着した放射

【表４】短半減期放射性ヨウ素の存在量
ウラン1mgの核分裂によるヨウ素群

（ほとんど運転していない新しい原子炉の場合）

核種	半減期	１分後	１時間後	１日後	１週間後
I-131	８日	—	3.2E10	6.2E10	4.2E10
I-132	２時間	2.1E10	8.9E10	2.3E11	6.3E10
I-133	21時間	6.9E10	1.1E12	7.4E11	0.6E10
I-134	１時間	3.7E12	2.0E13	—	—
I-135	７時間	4.6E12	4.5E12	4.0E11	—
その他	４分以内	1.2E15	1.3E12	—	—
全ヨウ素		1.2E15	2.7E13	1.4E12	1.1E11
その１日後のI-131に対する比率		19000	430	23	2

（参考）１キューリー＝3.7E10 ベクレル

（京大原子炉研究所・小出裕章「ＪＣＯ事故における被曝と放射能汚染問題」（1999.12.1）より作成。E10とは$\times 10^{10}$を示す記号）

【表５】ＪＣＯ境界でのよもぎのヨウ素131と全ヨウ素

（単位はベクレル）

よもぎの採取地点（転換棟からの距離）	I-131（約１日後に換算）	全ヨウ素の放射能の推定値			
		１分後	１時間後	１日後	１週間
K２（北東105m）	39	741,000	17,000	900	8
G１（西南西73m）	31	589,000	14,000	710	6
G２（西南70m）	50	950,000	22,000	1,200	1
G３（南98m）	73	1,400,000	32,000	1,700	15

（京大原子炉研究所・小出裕章「ＪＣＯ事故にお
る被曝と放射能汚染問題」（1999.12.1）より作成

【図7】よもぎの採取地点

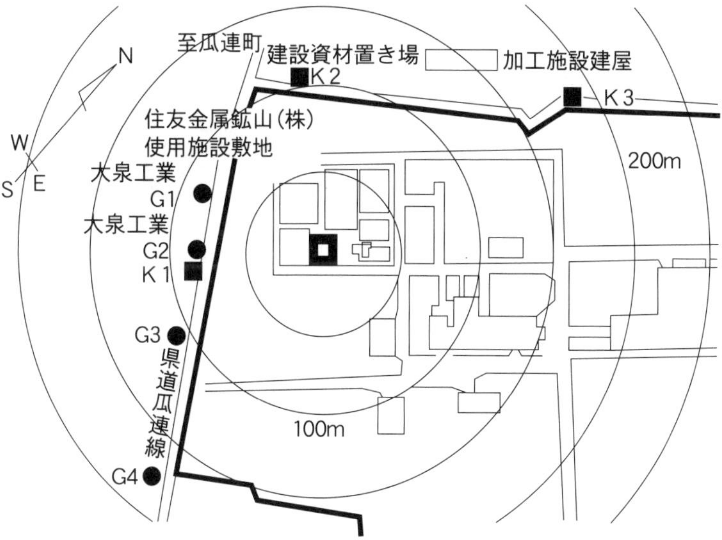

（小出裕章氏調査）

性ヨウ素の合計は、１分後ならば100万ベクレル、１時間後ならば３万ベクレル、１日後では1000ベクレルであることがわかります。とんでもない大きさの放射能で、よもぎは被曝していたのです。

ベクレルというのは、１秒間のカウント数ですから、人が呼吸によってヨウ素を吸い込み、人体内部によもぎと同程度のヨウ素の付着があったとしますと、【表５】の値に体重50キロをかけて、１時間後では毎秒150万カウントの被曝をすることになります。

建設材料置き場とゴルフ場はよもぎの採取地Ｋ２に隣接していますので、先の朝日新聞の報じた被曝者の例を説明できます。ま

【表６】全ヨウ素による内部被曝

① 呼吸 →	鼻腔 →	気管支 →	肺 →	血液 →	甲状腺
	↓	↓	↓	↓	↓
被曝場所	脳	食道	胃	全身	甲状腺
	（頭痛）	（吐き気）	（食欲減退）	（疲労）	（甲状腺障害）

②食事の場合は、血液で運ばれて集まるI-131と甲状腺だけを考えればよい。

③（参考）原子力事故で放出される気体の放射能では、Kr88を除いて、身体への取り込みはなく、内部被曝については考える必要はない。

Kr88（半減期３時間）は、Rb88（17分）に変わり、鼻腔と皮膚に吸着する。金属臭、日焼けの原因となる。

た、被曝した住民２名がＪＣＯに対して健康被害を訴える訴訟をしていますが、この２名の作業場（大泉工業東海工場）はＧ２に隣接しています。

【表６】を見てください。人間が呼吸をすることにより体内に吸い込まれた後、この短半減期のヨウ素群により身体がどのような被曝状態になるのかをまとめてみました。

まず、呼吸によってこれらのヨウ素群は鼻腔に付着します。これにより脳が放射線でやられるので頭痛がします。次に気管支に付着して隣の食道を攻撃するので吐き気をもよおします。その次に肺に入り隣の胃がやられ食欲減退をおこし、ご飯が食べられないということになります。さらに血液に溶けて身体全体にまわると全身が被曝することになって、ぐったりと疲れてしまいます。

そして血液に溶けた各種のヨウ素は体内をぐるぐる回り、最後に甲状腺に入り甲状腺障害を起こします。ですから「ヨウ素なら甲状腺」というのは間違っています。最終的に甲状腺にいくのであって、原子力事故の直後では、本質的な被曝として脳、食道、肺、胃そして全身の被曝症状となるのです。この症状のあった人はヨウ素群による被曝者として将来を監視しなければなりません。

事故直後に、ＪＣＯの排気孔を閉じていれば、ヨウ素群による被曝を10分の1にできたのです。このような考察が、原子力関係者になされないのは情けないかぎりです。

✴もし、原発事故ならどうするのか

最後に、「原発でも臨界事故は起こりうるのか」という質問がありました。チェルノブイリ原発事故は臨界事故です。敦賀原発でも低出力運転中に臨界問題を起こしました。この場合中性子は格納容器で防がれるので、心配はありません。ＪＣＯ事故後、原発地の自治体は中性子線計測器をたくさん買い入れましたが、これはまったく無駄な支出でした。

一方、燃料が破損して炉心熔融事故に発展すると、冷却水喪失事故と同じで大量のヨウ素群の放出になります。すでに述べましたが、日本の原子力技術者は実に頼りないのです。原発事故が起こったら、ＪＣＯ事故の時と同じで、彼らはうろたえるだけで、ヨウ素は放出され放題になるでしょう。美浜原発事故の時、原子炉の蒸気が３回にわたって放出されました。幸い、燃料は破損していなかったので、流出した放射能は少なかったのですが、見学者の目の前で轟音を立てて蒸気の放出となりました。その際、写真を撮っていた見学者の避難措置はなかったといいます。

それに、ＪＣＯ事故と違って、原発事故は巨大で、技術者自身と家族の生命が襲われる心配がありますから、彼らはもはや自分のことしか考えないでしょう。ですから、原発事故がおこったら、原子力技術者を当てにせず、可能な限り素早く現場から脱出することです。放射能という悪魔から極力遠くへ逃げ、距離を離すことが被害を少なくする最良の方法だからです。間違っても、ヨウ素剤の配給を受けるために行列などをしてはいけません。

逃げ遅れたら、ゴルフをしていたＪＣＯ事故被曝者と同じように短半減期のヨウ素群によって強烈に被曝し、目まいがして、吐き気がして、気力を失い、動けなくなって重症の被曝者になってしまいます。これを少しでも防ぐには、水で固くしぼったマスクをすることです。マスクがなければ、火事を思い出して、濡れ手ぬぐいで鼻口をおおうことです。ヨウ素は水に溶けますから、これを利用して呼吸で体内に入るヨウ素をできるだけ少なくするのです。これもＪＣＯ事故の重大な教訓です。

※この文章は2002年９月30日に開かれた、ＪＣＯ臨界事故３周年集会（東京）での講演記録に、ＪＣＯ刑事裁判で得られた情報などを、大幅に加筆して作成したものです。

Ⅲ
2003年３月３日 臨界事故、刑事裁判判決の日

(1)臨界事故裁判は真実に迫ったか!?

ＪＣＯ臨界事故調査市民の会　渡辺　寿子

✳国と旧動燃の責任にふれない判決
――2003年３月３日　判決の日

朝、水戸地方裁判所前には傍聴券を求める人が並んでいた。この日、ＪＣＯ臨界事故刑事裁判の判決が出るのであった。２名の死者と、公に認められただけでも667名の被曝者を出したＪＣＯ臨界事故は国内最大・最悪の原子力事故となり、人々に衝撃を与えたが、事故から３年半が過ぎて、東海村をはじめとする地元以外では人々の記憶から薄れつつあるのではないか。

事故から１年半後（2001年４月）、水戸地方検察庁はＪＣＯとその社員６名を起訴し、刑事裁判が始まった。水戸地検は法人としてのＪＣＯと越島東海事業所長（当時）以下６名の社員に対して、

１.「ＪＣＯは許認可条件を守らない違法作業を常態化させ、

また作業員への安全教育を長年しなかったため、臨界発生の恐れが高かったのに注意義務を怠った、この結果質量制限を大幅に超えるウラン溶液を作業員が沈殿槽に入れて臨界が発生し、大内さん、篠原さんの２名を死亡させた」として業務上過失致死罪。

２．「国に無許可で施設の設備を変更し、ステンレスバケツを使用した」として原子炉等規制法違反。

３．「現場作業員に臨界発生防止の教育をしなかった」として労働安全衛生法違反。

以上の罪状を問い、起訴した。

しかし、この起訴は、事故のもととなった核燃料加工をＪＣＯに発注した旧動燃（現・核燃料サイクル開発機構、この文章では以下「動燃」という）の責任と、安全審査をした国の責任は問わなかった。ＪＣＯ幹部の責任は問われて当然だが、亡くなった篠原理人さん、大内久さんについで大量被曝をした被害者である横川豊さんにも、業務上過失致死罪を問うような内容であった。

判決公判は10時に始まり、11時30分には終わってしまった。2001年４月から2002年10月まで22回を重ねた公判は、ほとんど毎回朝から晩まで長時間に及ぶ中身の濃いものであったはずなのに、それにしてはあまりにあっけない幕切れであった。判決は長年にわたり許認可条件に違反した違法な操業を続け、臨界安全教育をほとんどしなかった等、ＪＣＯのずさんな安全管理体制が事故を引き起こしたとし、ＪＣＯと社員６名を有罪とした。ほぼ検察官の起訴内容に沿ったものであった。

量刑は求刑より６か月から１年少なく、全員に執行猶予がついた。執行猶予をつけた理由は「起訴されなかったＪＣＯの歴代幹部にも責任があるから」ということであった。弁護側の主張した国と動燃の責任を認めたわけではなく、「あくまでも事故の責任はすべてＪＣＯにのみある」というのが結論である。横川さんにも禁固２年執行猶予３年の有罪判決が言い渡された（判決内容は20ページ参照）。

このような結論でこの裁判はＪＣＯ臨界事故の「真実」を解明したといえるのか。判決を聞いて、「裁判を傍聴する中で見えてきた『臨界事故の本当の原因と責任』は明らかにされなかった」との思いが強い。

そこでこの裁判をふり返って見る。

✴ＪＣＯ刑事裁判の公判経過

第１回	2001. 4. 23	水戸地検が冒頭陳述
第２回	2001. 5. 14	加藤証人（放射線専門家）
第３回	2001. 6. 4	松永証人（ＪＣＯ技術担当課長）
第４回	2001. 6. 25	吉岡証人（ＪＣＯ安全管理室長）
第５回	2001. 7. 16	宮嶋証人（ＪＣＯ東海事業所副所長）
	2001. 9. 3	転換試験棟の現場検証
第６回	2001. 9. 21	嶋内証人（東海事業所前所長）
第７回	2001. 10. 1	嶋内証人へ検察側が尋問
第８回	2001. 10. 15	吉田証人（動燃より科技庁出向、1982年～1984年安全審査官）
第９回	2001. 11. 1	古田証人（東京大学・ヒューマンファクター論）
第10回	2001. 11. 19	Ｎ証人＜弁護士が匿名希望＞（転換試験棟前任者）
第11回	2001. 12. 3	友田証人（ＪＣＯ安全管理室長）、湯原

		証人（ＪＣＯ総務部長）
第12回	2001. 12. 17	金森証人（旧動燃）、高槌証人（ひたちなか農協）
第13回	2002. 2. 18	横川豊被告人質問
第14回	2002. 2. 28	竹村健司被告人質問
第15回	2002. 3. 11	渡辺弘被告人質問
第16回	2002. 3. 25	小川弘行被告人質問
第17回	2002. 4. 26	加藤裕正被告人質問
第18回	2002. 5. 13	越島建三被告人質問
第19回	2002. 5. 27	加藤、越島被告へ検察側が尋問
第20回	2002. 6. 10	証拠整理
第21回	2002. 9. 2	水戸地検が論告求刑
第22回	2002. 10. 21	弁護団が最終弁論
第23回	2003. 3. 3	判決

✴被告・弁護側が起訴事実をすべて承認
――2001年４月23日　第１回公判

第１回公判で、被告・弁護側は検察側の起訴事実をすべて認めてしまった。被告・弁護側としては事実関係については争わず、後は情状酌量を求めるだけの裁判になってしまうと思われた。第１回公判でこの裁判は終わったも同然ではないかとがっかりした。これではこの裁判はＪＣＯの責任のみを問う検察のシナリオ通りに進んでしまう。こんな調子では、果たしてどこまで真実が解明されるのだろうか。

しかし、それでも裁判の中で、何か少しでも真実が明らかになるのではと思い直し、遠い水戸の裁判所へ、多い時は月２回も開かれる公判の傍聴に通った。証人尋問が進むにつれ、最初の予想に反し、事故の本当の原因と責任の所在がしだいに明らかになっていった。国・科学技術庁（以下科技庁という）の、でたらめな安全審査と動燃の無理な注文が事故を引き起こしたことがはっきり浮かび上がってきた。

科技庁の安全審査官は臨界を防ぐための条件として「１バッチ縛り」（全工程で扱うウランの量を臨界にならない2.4kgに制限する）という、ＪＣＯ転換試験棟の設備状況を無視した不可能な条件を課し、また転換試験棟にはウランの溶液製造に適した設備がないのを知りながら、溶液製造の許可を与えていたのである。また動燃は中濃縮、高濃度のウラン溶液を混合均一化するという無理な注文をＪＣＯにした。これらが事故を引き起こしたことが裁判の中ではっきり見えてきた。（科技庁の安全審査と動燃の無理な注文のくわしい分析については、Ⅱ「旧動燃が引き起こしたＪＣＯ臨界事故」とⅢ－２「死者と被告の名誉のために」参照。）

✳動燃の人間が安全審査をしていた！
――2001年10月15日　第７回公判

臨界事故が起きたのは大洗《おおあらい》にある動燃の高速実験炉「常陽」に使われる核燃料製造の過程であった。この「常陽」の燃料製造ができるようにするため、ＪＣＯは扱えるウランの濃縮度をそれまでの12％から20％にするウラン加工事業変更許可申請を国に出し、1984年に許可を得る。この安全審査を担当していたのが、吉田守という人物であった。

この人物は「当時動燃から科技庁に出向して安全審査官となっていたこと」が、裁判の過程で公けになった。つまり「発注元の人間が発注先の安全審査をしていた」という、驚くべき事実が暴露されたのである。吉田氏は1982年に科技庁出向となり、1984年にＪＣＯに加工事業変更許可が出された後、しばらくして動燃にもどり、現在は「もんじゅ」のある核燃料サイクル開発機構敦賀本部で専門家として働いている。当時の出向はあきらかにＪＣＯに加工事業変更許可を出し、スムーズに「常陽」の燃料を製造させるためであったと思われる。

第７回公判で、この吉田守氏が証人として出廷し、証言した。吉田氏の口から、「１バッチ縛り」が許認可条件として押しつけられた経緯が述べられた。吉田氏はＪＣＯの加工事業変更許可申請について科技庁内の安全審査を通し、二次審査の原子力安全委員会へ送る段になって、これまで申請していた臨界管理の方法に不備のあることを指摘され、窮地に陥った。動燃の納期も迫っているのに、ＪＣＯから代案が示されず困りはてたあげく、全工程2.4kg以上ウランを投入してはいけないという「１バッチ縛り」をＪＣＯに押しつけ、安全委員会の審査を通したことを証言した。

吉田氏はもともと連続操業するように作られている転換試験棟で「１バッチ縛り」が守れないのは承知していたはずである。第６回公判でＪＣＯの臨界管理の専門家、吉岡正年氏は「ＪＣＯが『１バッチ縛り』を守れないことは吉田氏も『あ・うん』の呼吸で了解していたと思った」と証言している。

検事が法廷で「ＪＣＯは『１バッチ縛り』をした場合、製造は不可能といっていますが」と吉田氏に尋ねると、「申請はＪＣＯ側から出ているものです。普通、製造が不可能な申請はしてきませんよ」と居直った。安全審査の後の設備の詳細設計にわたる審査、設工認も担当したのに、担当したかどうかすら「おぼえていない」と答え、都合の悪い質問にはすべて「おぼえてません」の一点張りで逃げた。

弁護人に「あなたは何も審査していない」と皮肉を言われたが、笑いごとではすまされない。吉田氏は転換試験棟の実際の設備でどのように核燃料が製造されるのか、まともな審査をせずに「安全審査」をしていたのである。「１バッチ縛り」は安全審査を通すためのいわば「方便」であり、実際に守れるかどうかは問題ではなかった。吉田氏は自分自身の重大な責任を感じるふうでもなく、「ＪＣＯができると言ったから信じたまでだ」とあくまでもＪＣＯが悪いという態度に終始した。検察は吉田氏の安全審査のでたらめさを追及する姿勢を見せず、ＪＣＯの責任を強調することに重きをおいた。

吉田証言を聞いて、回復不能な被害をもたらす大惨事を引き起こさないためにあるはずの原子力の安全審査が、このようにいい加減に行われていたのに唖然とした。しかしこのことは、事故が起きたから明らかになったのであり、氷山の一角かもしれない。吉田氏は「原子力を推進する側の人間が規制する側に行って仕事をしても何ら問題はない」と言ったが、動燃と科技庁の一体化など当たり前のことなのかもしれない。そして、でたらめな安全審査をした結果、重大な事故となった。この日の証言は、そういう事実が具体的に当事者の口を通して明らかになったことに意義があった。

✴罪をおしつけられた末端の労働者
――2002年２月18日　第13回公判

９月30日の事故当日、約15kgの大量のウランを１度に沈澱槽に入れて事故を起こしたとして、業務上過失致死罪に問われた横川豊さんが被告人として証言した。

横川さんは沈澱槽使用に至る経緯を証言したが、そもそもこの作業は、動燃がウラン溶液の混合均一化をＪＣＯに要求したことから端を発していたのである。混合均一化するためにクロスブレンド法（溶液を複数の容器から同量ずつとり出して別の容器に分配すること）、貯塔に仮配管をつけて循環する方法等を試みたが、どれも難点があった。そこで担当の班員から沈澱槽使用の提案があり、良いアイデアだと思い、計画グループ主任の竹村健司さんの「承認」を得て、沈澱槽を使用したと証言。しかし、横川さんも竹村さんも臨界についてほとんど教育を受けておらず、２人とも「沈澱槽にいくらウラン溶液を入れても、沈澱させなければ臨界にならない」と思いこんでいた。

ところが検察官は、ＪＣＯが長年にわたり臨界安全教育をしてこなかったことを認めているにもかかわらず、横川さんに対して「あなたが沈澱槽使用について決定をくださなかったら事故は起きなかった。（日常業務に追われていたというが）作業手順や安全面のことについてもっと自分自身で勉強しておくべきだったのではないか」と偉そうに言ったのである。事故の本当の責任者は現場の作業者ではなく、そのような作業をする原因を作った者である。追及すべき相手は誰なのか。まったく腹が立った。

横川さんは臨界が起きた時のなまなましい様子を証言した。

「沈殿槽にウラン溶液を入れる漏《ろう》斗《と》を支えるのを大内さんと交代し事務室に戻った時、バシッという大きな音がして開いていたドアに青い光が見えた。臨界が起きた！　とすぐ思った。以前、臨界になると青い光が出ると聞いていた。『臨界だからすぐ退避しよう』と２人を退避させ、自分は沈澱槽をちょっとのぞいた。それから事務所に電話をかけたが誰も出なかった。もう１度、沈澱槽とその周りを確認して外に出た。沈澱槽はいつもより静まりかえっていて、臨界は本当に起きたのかと思った。臨界が起きたと思ったのに、なぜ危険な沈澱槽を２度も見に行ったのか。自分は既に被曝してしまって死ぬかもしれない。だからまた戻ってもすぐ逃げても大差はない。それなら後の対策に何か役立つかもしれないと思い、沈澱槽とその周りを確認した」

この横川さんの言葉に胸がつまった。横川さんは大内さん、篠原さんに次ぐ大量の被曝をして、一時は白血球がゼロになり、家族が呼ばれたことが明らかにされた。今は表面上は健康に見えるが心配である。また、大変なことが起きているのに表面上は何事もないかのように見える「核」というものの恐ろしさを、横川さんの証言から実感した。

✴もう２度と原子力の世界で働きたくない　——2002年２月28日　第14回公判

横川豊さんに沈澱槽使用を「承認」したとされる竹村健司さんが出廷証言した。竹村さんは大学では応用原子核工学を専攻している。しかし横川さんと同じく臨界についてよく知らず、沈澱槽に多量のウラン溶液を入れても沈澱しなければ臨界にはならないと思い込んでいた。竹村さんは自分の間違った思い込みで２人の人を死なせるなど重大な結果を引き起こしたとして、身の置き所もない様子であった。弁護人によると、事故の後しばらくは、１人にしたら自殺しかねないと周囲の人が心配したそうである。最後に「もう２度と原子力の世界で働きたくない」と言ったが、Ｊ

ＣＯは判決が出る前に竹村さんを諭旨免職している。２人の証言を聞いて、末端の労働者に罪をかぶせて責任を逃れようとする者の罪深さを思った。

✴科技庁と動燃の責任を明確にした弁護側
――2002年10月21日　最終意見陳述

弁護側はＪＣＯと６人の被告の法的責任を認めつつも、「事故の原因は科技庁のでたらめな安全審査と動燃の無理な注文にあった」という意見を契約書の中身にもふれて全面的に展開し、強く主張した。吉田審査官の審査は「１バッチ縛り」の問題だけでなく、「溶液の製造と均一化について何も審査をしていない、本当にでたらめなものだった」ことが証拠をもって明らかにされた。

弁護側は「起訴された被告人たちのみに事故の原因や責任を押しつけてこの事件を処理することは、この事故を教訓として２度とこのような事故を引き起こさないようにするためにも良くない」と述べた。弁護側の主張は私たちの主張とまったく一致したのである。弁護士は裁判の過程で「変身」したようであった。

動燃から出向して安全審査官となっていた吉田守氏の証言があり、安全審査のでたらめさが明瞭になった。そして弁護側最終意見陳述で国・科技庁と動燃の責任もはっきりした。

✴真実を闇に葬り、死者に鞭打つ判決
――再び2003年３月３日　判決の日

しかし判決は、沈澱槽に入れる原因を作った動燃と国の責任については何もふれず、死亡した篠原さん、大内さんの実名をはじめてあげて、沈澱槽使用は２人が発意し、賛成し、横川さんに提

案し、竹村さんが「承認」したとして実行行為者としている。臨界についてほとんど知らず、悲惨な状況で死んでいった２人の遺族、また横川さんは、この判決をどのような気持ちで聞いたことだろう。これは死者に鞭打つ判決である。

横川さんは弁護側最終陳述で裁判長から何か言うことはないかと聞かれ、他の被告がそれぞれ謝罪の言葉を述べたのに、ひとり「何もありません」と答えた。臨界を引き起こしたとして被告にされた横川さんの、言いたくても言えない無念さが表れているように思った。

国の許認可を受けて操業しているＪＣＯが、科学技術庁や国策会社である動燃の意向に逆らえないのは当然である。それなのに判決は「国や動燃の責任を言い立てるのは責任転嫁だ」とまで言っている。無理難題をおしつけ、事故の原因を作ったのは誰なのか。知らんふりをする国、動燃こそ責任転嫁である。

裁判所は検察と一体となって、国、動燃の責任を隠し、真実を闇に葬った。臨界事故調査委員会は事故からわずか３か月後「事故の直接の原因はすべて作業者の逸脱行為にあり」とした最終報告書を出し、早々と解散してしまったが、このあわてふためいた幕引きは、動燃や国に責任追及の火の粉が及びそうになったためだったことがはっきりした。事故調査はやり直すべきである。

権力を持っているものが下の者に罪をなすりつける構図は、もともと欠陥のある原発を動かしておいて、事故が起きたらすべて現場の責任にしたチェルノブイリ事故の時のソ連政府の対応と同じだ。事故直後、バケツでウランを溶かしていたことが、ＪＣＯのでたらめさの象徴としてマスコミが大々的に報道したが、本当は18リットル入りのバケツを使っていただけなら臨界事故は起きなかったのである（Ⅱ、槌田論文参照）。このまま真実があかされず、国、動燃の責任が追及されなければ、再び事故が起こるのではないだろうか。心配である。

✴国、動燃の責任を問い続けること
――裁判を傍聴した結論

〈臨界事故被害者の会〉代表で、妻とともに、ＪＣＯを相手どって損害賠償請求の民事訴訟（2002年９月３日提訴。Ⅴ「臨界事故――被曝住民は訴える」参照）を起こしている大泉昭一さんが、判決の傍聴に来ていた。大泉さんは臨界事故後皮膚がまっ赤になり、ひどい湿疹状態になったが、この日も顔はますます赤くなっていた。大泉さんの妻・恵子さんは「抗うつ剤」を服用してやっと生活している状態だという。

大泉さんは裁判が住民被曝のことについてほとんどふれていないことに怒っていた。国は「健康被害の出るような住民被曝はなかった」としているが、多くの住民が臨界事故後、肉体的、精神的、経済的に苦しんでいる。

福田官房長官は判決の感想を聞かれて「国はこの事故の当事者ではありませんから」と言っている。この判決で、国は被曝した住民たちの救済に乗り出さないことをますます正当化するのだろうか。それは絶対に許されない。判決後記者会見を待っていた新聞記者の会話を小耳にはさんだ。彼らは事故当日現場に取材に行かされていたらしく、やはり被曝の不安を抱えていた。臨界事故は実に多くの人を巻きこんでいた。

検察側、被告・弁護側、双方が控訴せず、この一審判決は確定し、裁判は終わってしまった。主張が判決に全面的に反映された検察が控訴しないのは当たり前だが、最終陳述であれほど弁護士としての使命感に溢れ、国と動燃の責任を鋭く追及した弁護側も、「執行猶予を勝ちとったことで目的を達した」として判決に何の異議もはさまず、すべて受け入れてしまった。

こうして終わってみれば、この裁判は検察、裁判所、そして弁護人も一体となって真実を隠し、ＪＣＯと作業者のみに責任をおしつけて幕引きをするものとなってしまった。マスコミもこのことに荷担している。毎回の公判で記者席を埋めていた記者たちは本当のことを知っている。しかし新聞・テレビは肝心なことを報道しなかった。

東海村村長は「これで終わったとは思っていない」と判決について述べたが、裁判が終わっても、あらゆる意味で臨界事故は終わっていない。国や動燃をはじめ原子力推進体制は、国と動燃の責任にいっさいふれない2003年３月３日の判決をもって、臨界事故を人々の記憶から消し去るつもりであろうが、そうさせてはならない。

そもそもＪＣＯ関係者だけを起訴したこの裁判は間違っていた。国や動燃こそ起訴され、処罰されるべきであった。間違った裁判ではあったが、私たちは裁判の中で明らかになった日本で最大、最悪の原子力事故の真実を広く伝え、国と動燃（現・核燃料サイクル開発機構）の責任をこれからも追及していかなければならない。それが大事故の再発を防ぐことにつながる。これがＪＣＯ臨界事故刑事裁判を傍聴し続けて得た私の結論である。

（2003年５月27日記）

⑵ 死者と被告の名誉のために

ＪＣＯ臨界事故調査市民の会　望月　彰

✳労働災害の悲しみ

大内久さんと篠原理人さんは多臓器不全で亡くなった。臨界事故はなによりもまず、第１級の労働災害であった。

労働災害については、リストラの直後に発生しやすいこと、また大災害ほど管理職責任部分が大きいことなどが知られているが、全ての事故に当てはまる「もうひとつの現象」についても知ってもらいたい。

それは、事故が起きると「まず第１に作業者が謝る」という現象である。現場の人であろうと管理職であろうと、仕事上のミスはある。このとき自己弁護する人は、時々存在する。しかし労働災害となった事故については、例外なく、まず作業者が謝罪する。なぜなら、事故は彼の動かした手足の結果であることは明白だからである。たとえ上司の指示命令通りの作業であったとしても、彼が動作した結果には違いないからである。

これを受けて管理職が事故の原因調査に入ったとき、２つの道がある。なぜ作業者が事故にいたる動きをしたのかを分析し、「何をいかに作ろうとしていたのか」「そのものづくりは、正しかったかどうか」を見極めて、自分の管理職としての指示の問題点も明確にして原因を突き止めるのが１つの道である。

もう１つは「あいつのドジでいい迷惑だ」と言外にほのめかしながら、事故の原因を謝罪した作業者のせいにして、情報操作する道である。いうまでもなく、職場の情報操作ほど簡単なものはない。私の経験では、職場の世論というものは、ラインの上層部だけが作っていいのであって、末端の作業者には何の発言権もない。自己保身と面子を重んじる管理職はこの道を選択するであろう。悲しいかな、これが日本の現実であるが、水戸地方裁判所の2003年３月３日の判決こそは、この手法の典型的事例と言えよう。

✴「ものづくりの中身」を切り捨てた判決

2003年３月３日、水戸地方裁判所・鈴木秀行裁判長は、株式会社ＪＣＯと６人の被告を有罪にした。量刑は越島建三所長が一番重く、横川豊副長が最も軽かった。ほぼ職制序列通りであった（もっとも、全員執行猶予付きであるから、事実上、無罪と同じである）。

ところが各被告の責任を論ずるに当たり、越島建三所長、加藤裕正製造部長、小川弘行計画グループ長は管理監督責任のみで、渡辺弘職場長はほとんど無罪であった。一方、竹村健司主任は「彼が沈殿槽使用の承認をしなければ事故にならなかった」と断罪され、横川副長にこそ「直接の責任がある」とされた。手順書に目を通し、これに従った作業をするのは最低限の職務であって、「横川副長の過失はあまりにも単純かつ重大」と断罪された。

判決の最大の特徴は、事故の原因となる「何をいかに作ろうとしていたか」には全く触れなかったことである。何をいかに作るか、の前提となる「旧動燃（現・核燃料サイクル開発機構）とＪＣＯの技術契約」は無視された。硝酸ウラニル溶液の「混合均一化」という言葉は使われたが、「何を均一化しようとしていたか」には言及されず、公判中に明らかにされた「不純物の均一化」も無視された。ＪＣＯが硝酸ウラニル溶液の１ロット、１バッチ生産を望んだにもかかわらず、分析の期間短縮を理由に動燃が１ロットの増量を要求したことも、なかったことになってしまった。

事実の歪曲と思われることもある。「混合均一化」は1984年の加工事業許可には含まれていないのに、あたかも許可されていたかの如く取り扱われている。

そのかわり、判決は横川、竹村、渡辺と、篠原、大内の言動を「具体的に」叙述した。そして最後に篠原、大内が沈殿槽に７バッチ目の硝酸ウラニルを入れたとき、臨界事故になった。犯罪は成立した。あたりまえである。作業者が作業せずに起きる労働災害はない。なぜ彼らがかく行動したかを問うことなしに事故を論ずれば、彼らの行動のみが「犯罪」とされるだろう。

これは半分本当のウソ、と言う手法である。

✳空白の１時間――竹村主任の涙

こうなると、被告各人の行動のシナリオにも、充分懐疑的になったほうがよい

判決は述べる。９月28日、篠原が横川に「沈殿槽を提案」、大内も「攪拌機やハンドホールもあるから」と賛成し、29日正午頃、横川は竹村に「承認をもとめた」ところ「竹村は13時頃電話で承認した」。

この正午から13時までの空白の１時間は何なのか。企業の一般常識として、即答しないのは上司に相談するためである。１つの作業の諾否の判断は、廊下の立ち話でも可能である。

2002年２月28日の竹村被告人質問の法廷で、弁護士は質問した。「沈殿槽を使って良いか否か、なぜ上司の小川グループ長に相談

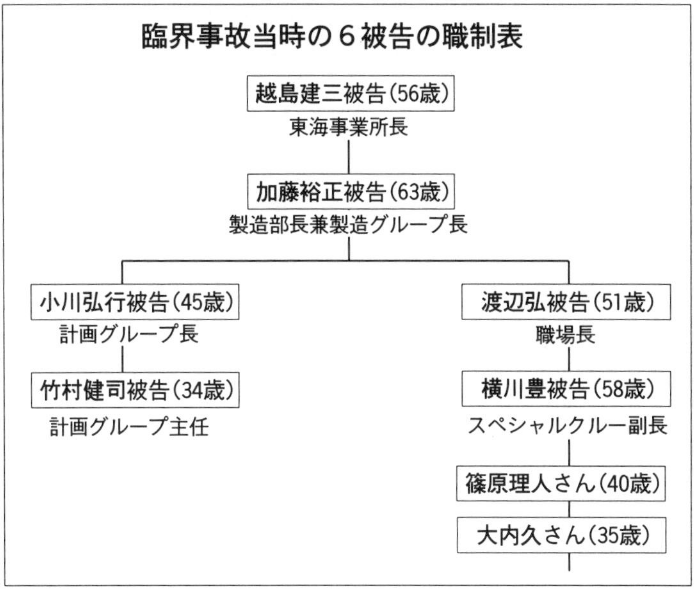

しなかったのですか」。これに対して竹村さんは「ただ不純物が入るかどうかの判断だけなので、小川さんの労を煩わすことはないと思いました」と答えている。それなら１時間も時間がかかるはずがない。即答しても良かったのである。まったく答えになっていない。

この件で弁護士の被告人質問は、不思議な「事実」を明らかにしていた。竹村、横川両名とも、正午と13時の会話について、事故後の４、５日間「思い出せなかった」。竹村さんと弁護士はこの場面で双方、涙ながらの質疑応答となった。偽証の悔しさではなかったか、と思う。

ところが３月３日判決は上記の竹村証言の「不純物が入るかどうか」という箇所を、「品質のみを心配し」と表現をかえたのである。判決全体で、不純物という表現をカットした。この言葉を使って「84年の許認可において、不純物混入の避けられない方法を許可した」ことに気が付かれても困ると思ったのであろう。

竹村主任は、主任とはいえラインの末端である。彼の下に部下はいない。彼は上司をかばって「自分ひとりの判断」にしたのだと私は推理する。

昨年（2002年）８月、日本ハムの子会社日本フードの愛媛、徳島の営業部長氏はそろって記者会見した。「牛肉偽装事件は本社は関係ありません。自分ひとりの責任で実行したことです」（日本経済新聞8. 11）。日本の企業にあっては、お家の一大事とあらば命がけでウソをつくのが文化である。ＪＣＯだけは違うと言い切れるだろうか。

✳篠原さん、大内さんの「発意」？

2001年４月23日の第１回公判から2002年10月23日の最終弁論まで、22回の公判が開かれた。この間、死亡した篠原さん、大内さんの名前は被害者としてのみ登場していた。沈殿槽を発意したのは「班員」だとされていた。横川被告人質問（2002. 2. 18）の公判廷のときも、調書の「交代勤務表」と思われるペーパーを示しながら、裁判長には発意者が誰かわかるが、傍聴席にはわからないように質疑された。極めて意図的情報操作であった。

判決はもう隠すのは拙いと思ったのか、「沈殿槽発意」の当事者として「死亡した２人の実名」を出した。ところが、マスコミは依然としてほとんど報道していない。遺族への配慮のつもりなのであろうか。一般には知らせたくないからなのであろうか。

「事実」の羅列で犯罪を証明しようとした水戸地裁は「沈殿槽

発意」の人物をついに特定したのだが、この真実度はいかほどであろうか。はっきりしていることは、当事者の片方しか証言する人はいないということである。死者は語らないのだから、異議申し立てはしない。この「発意」を裏付ける証拠も第三者の証言もない。

私は以下のような一般論は強調しておきたい。日本の労働者がＱＣや提案改善に熱心であることは、事実である。が、それは自分の担当している機械や道具についての提案の範囲に限られ、けっして管理職の領分に言及することはない。そんなことをして管理職の面子に触れるほど馬鹿馬鹿しいことはない。

ところで、硝酸ウラニル溶液を混合均一化する方法として、クロスブレンディングが良いか、改造貯塔が良いか、それとも沈殿槽が良いか、これは工程の変更を意味する。工程の変更は製造部課長など上層管理職の担当分野であって、実際、クロスブレンディングから改造貯塔に変更したのは、加藤製造部長の指示によるものであった。だから、仮に篠原さんが沈殿槽を提案したのであれば、上司の面子を潰す決意なしにはできなかったであろう。

沈澱槽を使用した本当の理由が「濃度の均一化」だけではなかったことが、今やわかっている。混合する理由も篠原さんは知らなかったに違いない。大内さんも篠原さんも全く初めての仕事だった。理由もわからず、管理職の領分に口出しするほど「ハイレベル」の提案改善をするとは、一般企業の常識では考えられないのである。

✷虚構の中の真実――リストラ後遺症

判決の述べる「事実」への疑惑は深まるばかりである。が、次の２点は真実に近いと思われる。

判決がとくに強調しているところであるが、横川さんは沈殿槽使用について、直属の上司である渡辺職場長には「承認」をもとめなかった。また転換試験棟の前任者であるＮさん（弁護士が匿名希望・事故直後ノイローゼとなる）にも相談しなかった。

実は、ＪＣＯ東海事業所では1995年から1997年にかけて「リエンジ」と名付けられた一大リストラがあった。160名が100名へ、現場は52名から25名に縮小されるものであった。渡辺さん、横川さんはともに軽水炉用燃料加工部門の副長であったが、リエンジにともなって渡辺さんは職場長に昇進し、横川さんは廃液処理などの汚れ作業専門のスペシャルクルー班配属の肩書きなし、となった。勝者と敗者、天国と地獄に分かれたのである。

１年後、横川さんの副長の肩書きは復活したが、ほかの副長は現場作業から解放されているのに、横川さんだけは作業兼務であった。横川被告人質問のとき、「なぜ、渡辺職場長に承認を求めなかったのですか？」という弁護士の質問に、横川さんは「渡辺さんは知らないのだから」と答えている。口もききたくないほど人間関係が崩壊するのがリストラというものである。

Ｎさんはリエンジにともなって住友金属鉱山に籍を戻した。夜勤が無理だから、と説明されているが、現場から事務に変わったのだから「勝ち組」である。転換試験棟は住友金属鉱山事務棟の一部であって、廊下をわたればＮさんと会話できるのであるが、横川さんは無視したのであろう。これも、深刻なるリストラ後遺症と推測される。

「渡辺さんは知らないのだから」という横川さんの発言にしても、長い同僚としてのつき合いから知っていた真実ではあろうが、

「上司に承認を求めなかった理由」としては無理がある。いうまでもなく渡辺さんが知らないのであれば、渡辺さんの上司である加藤製造部長に指示を仰ぎ、その答えを横川さんに伝えればいいのである。これがラインのラインたる所以であって、横川さんがラインのこの意味を知らなかったはずはない。しかし弁護士は納得したかの如く、この件は２度と質問しなかった。

あと真実らしき事実は、横川副長は「ウラン臨界管理のひとつである濃度管理について知らなかった」という指摘くらいである。しかし、これも沈殿槽に７バッチのウランを投入する「消極的理由」以上のものではない。

もし動燃から「もう少し不純物をなんとかならないか」という非公式の申し入れがあれば、「ＪＣＯのトップレベルで」残された最後の手段である沈殿槽を「発意」した可能性も充分ありうる。転換試験棟は動燃の別棟のようなもので、示唆するだけで「指示」は可能であった。29日正午と13時の竹村・横川会談も、２人はラインが違うのだから「相談」はあったかもしれないが、「承認」とか「許諾」などは発生しようがない。いつの日か、真実が語られるときを待ちたいと思う。

✴「契約と許可条件に忠実に」作業した結果

しかしながら百歩ゆずって、水戸地裁の指摘する「事実」が真実だとしよう。沈殿槽を発意したのは篠原さんで、沈殿槽使用を承認したのは竹村さんだったとしよう。

作業者はなぜ40リットル（約７バッチ）の硝酸ウラニルを投入したのか。それは40リットルを１ロットとする契約だったからである。

作業者はなぜ沈殿槽に投入したのか。それは「精製施設で硝酸ウラニル溶液を作製する」という許可だったからである。1984年の許可条件には「硝酸ウラニル溶液を転換試験棟の精製施設で作成する」という条件以外は、なにも書いてなかった。水戸地裁は水戸地検の見解を踏襲し、硝酸ウラニルは溶解塔で溶解することが決められていたかの如く主張しているが、そのような具体的指摘は「許可申請書」のどこにも書いてない。沈殿槽を使ってはいけないとも書いてない（注１）。ただ精製施設で作製することが許可されているのであるから、精製施設の一部である沈殿槽の使用は、「１バッチ縛り」違反を除けば、許可条件範囲内なのである。

ところで40リットル（約７バッチ）の混合均一化は「１バッチ縛り」違反であった。技術契約それ自体が違反であった。が、契約に忠実であろうとすれば、混合均一化できるのは沈殿槽だけであった。中に攪拌機があったからである。「クロスブレンディングは均一化できなかった」（Ｎさん証言）。改造貯塔（いわゆる裏マニュアル）は円環パイプ（注２）のなかを液体が循環している状態で、不純物はとても攪拌できない。よって、「作業者は契約と許可条件に忠実に作業しただけ」であった。

それなのに、発注者・動燃と許可当局・科技庁は無罪で、実行したものだけが有罪だというのは、「公正なる司法」の死を意味する。

判決は、自分の過失を動燃、科技庁に責任転嫁してはいけないとして、次のように言う。

「確かに『１バッチ縛り』を遵守すれば、極めて非効率的で生産性の低い操業しか行い得ないばかりか、製品の品質にも悪影響を及ぼすことになるが、これを許可内容として受け入れるかどうかは被告人会社の経営上の判断・選択であるばかりか、臨界事故解析を行なうなど、他の選択肢が全くなかったわけではない。」

断れるなら断っていた。これでは問答無用である。出会い頭に殴られて、「お前はよけたり、逃げたり『選択肢』はあったのに、逃げなかったから『有罪』だ」。そして「殴った方を非難するのは、責任転嫁だ」と判決は言ったに等しい。

「『１バッチ縛り』を遵守すれば、きわめて非効率的で生産性の低い操業しかできない……」というのは、精製施設を溶液作製に使うからである。精製施設さえ使わなければ硝酸ウラニル溶液は誰にでも簡単に作ることができた。バケツで作って、そのまま納入すれば、分析作業は簡略化できないとはいえ、作業は簡単で、不純物も入らないから品質も良く、「１バッチ縛り」を完全に実行できた。

水戸地裁はＪＣＯと同様、気がつかなかった。頭は悪くなかったのだが、ものづくりは自分とは関係なく「法律違反」にのみ関心があったので、この「あまりにも単純かつ重大な」バケツの真実に気がつくことはなかった。

（注１）硝酸ウラニル溶液の製造許可

越島所長は被告人質問（2002. 5. 13）のなかで、硝酸ウラニル溶液作成の許可（1984 年）は「吉田守審査官に示唆されて」「枠取り」として申請しただけである、と証言した。溶液の濃度、不純物レベルなど具体的なことは何も決まっているわけではなかった。八酸化三ウラン粉末の許可申請にあたって、途中で溶液も申請することにした。粉末に関する申請書に「硝酸ウラニル溶液」も製造すると一言入れただけであった。

（注２）改造貯塔は円環パイプ

貯塔は、内径17センチ高さ3.5メートルであって、円管のようなものであった。この上下をパイプで繋ぎ、円環状にして、チッソを吹き込んで攪拌しようとした。これがいわゆる裏マニュアルである。

✴企業のモラル、社員のモラル

作業者は契約に忠実に混合した。しかし、臨界管理のためには複数バッチを混合してはならないのに、混合均一化を要求するという「あまりに単純かつ重大な」過失をした動燃は免責された。

作業者は許可条件に忠実に精製施設で溶液を作った。しかし、精製施設を使えば不純物混入が避けられないのに許可をしたという「あまりにも単純かつ重大な」過失をした科技庁と安全委員会は免責された。

このうえない不条理と言うべきであろう。

竹村さんと横川さんは被告人質問の公判廷で、全く同じ謝罪をした。「誰も教えてはくれなかったが、みずから臨界について勉強し、事故のないようにすべきだった」と。ＪＣＯの全社の責任を一手に引き受けて謝罪しているのかと私には感じられた。２人の謝罪の気持ちにウソ偽りのあろうはずもないのだが、「勉強」についてこうまでいわれると、これはほとんど「やらせ」だったと思う。

もし１ロットの増量を要求した動燃の注文通りに「混合均一化」をしなければならないのであれば、攪拌機のついた沈殿槽を使用するのが混合可能な唯一の方法である。ただ、６バッチまでは臨界にならないが、７バッチ以上を投入すると臨界になることを知っていなければならなかった。この６と７の数字は原子物理学の最高水準をマスターしても、アメリカの『ニュークリア・セイフティーガイド』を熟読しても、わかることではない。ただ実験によってのみ「勉強」できるのである。日本中の物理学者のひとりとして知らなかったことである。それなのに自分たちにもわからないことを、生け贄の子羊には要求するというハレンチな人たちがいた。

反対に、ＪＣＯの提案通り、１バッチ１ロットでつくるのであれば、唯一の選択は何であったのか。2001年９月21日に出廷した嶋内前所長が正しく証言した。「混合均一化をＪＣＯで行なうような契約はしなければよかった」と。

大量生産、大量消費、大量廃棄の時代の日本病は重傷である。生産だけは止められない。「誰のための、いかなるものづくりなのか」だけは考えないようにして、ただひたすら生産した。「良いものを、安く、安全につくる」というモラルは冷笑されてきた。

ＪＣＯははじめから「動燃の注文は無理難題だ」と100％わかっていたし、臨界の危険性も知っていた。しかしながら、断っては後が怖い。とにかく契約して騙しだまし作ることにして、13年目についに臨界事故となってしまった。

企業、とりわけ国策会社の現場は腐りきっている。「誰のためのいかなるものづくりか」という問いを避けてきたツケである。

2003年３月３日の判決が、この風潮をさらに助長すれば、巨大な原子力災害は避けられないであろう。

（2003年５月21日記）

絵と文　今井丈夫・望月彰

(旧動燃)

核燃サイクル機構の40リットル均一化の注文が

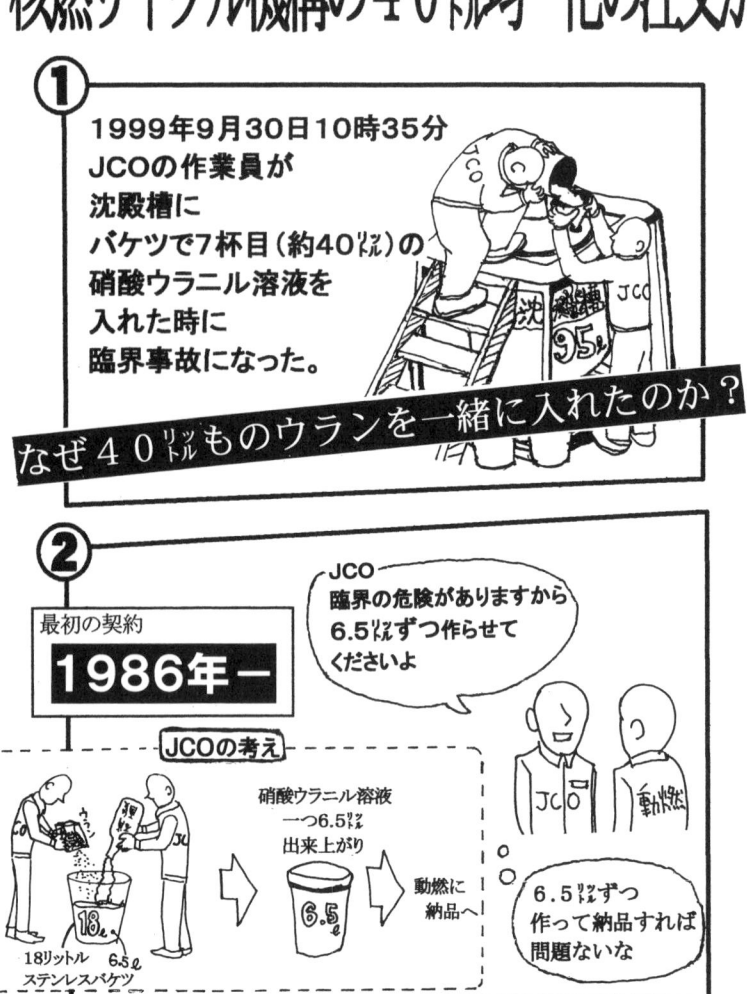

①

1999年9月30日10時35分
JCOの作業員が
沈殿槽に
バケツで7杯目（約40リットル）の
硝酸ウラニル溶液を
入れた時に
臨界事故になった。

なぜ40リットルものウランを一緒に入れたのか？

②

最初の契約

1986年ー

JCO
臨界の危険がありますから
6.5リットルずつ作らせて
くださいよ

6.5リットルずつ
作って納品すれば
問題ないな

JCOの考え

18リットル　6.5ℓ
ステンレスバケツ

硝酸ウラニル溶液
一つ6.5リットル
出来上がり

動燃に
納品へ

※ウランは一カ所に大量に集めると　核分裂の連鎖反応をする（臨界という）

臨界事故を引きおこした バケツこそが安全だった

※動燃はJCOから輸送するウラン溶液を分析しなくてはならない

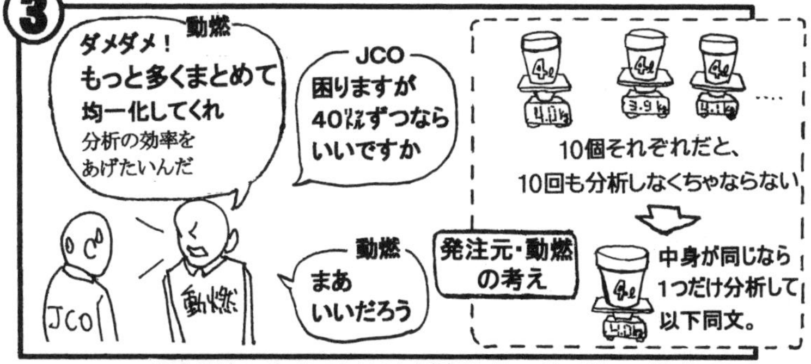
3
動燃
ダメダメ！
もっと多くまとめて
均一化してくれ
分析の効率を
あげたいんだ
JCO
困りますが
40リットルずつなら
いいですか
動燃
まあ
いいだろう
JCO
動燃
4ℓ
4.0kg
3.9kg
4.1kg
10個それぞれだと、
10回も分析しなくちゃならない
発注元・動燃
の考え
中身が同じなら
1つだけ分析して
以下同文。

※本当は2.4kg(6.5リットル)以上を同時に扱ってはいけないことになっていた

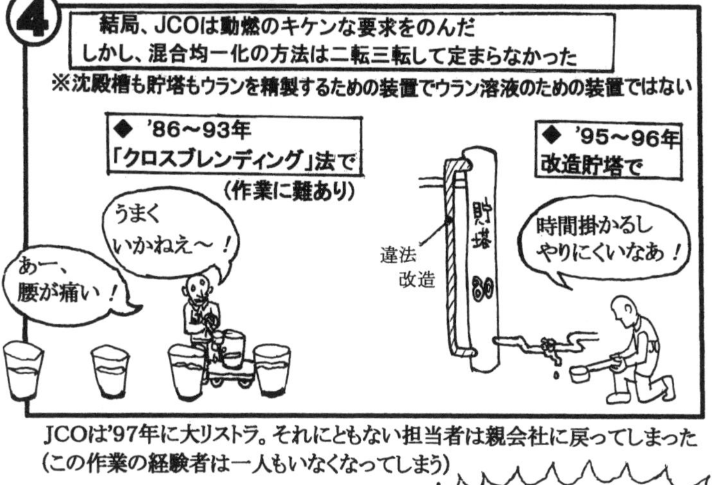
4
結局、JCOは動燃のキケンな要求をのんだ
しかし、混合均一化の方法は二転三転して定まらなかった
※沈殿槽も貯塔もウランを精製するための装置でウラン溶液のための装置ではない
◆ '86～93年
「クロスブレンディング」法で
(作業に難あり)
うまく
いかねえ～！
あー、
腰が痛い！
◆ '95～96年
改造貯塔で
貯塔
違法
改造
時間掛かるし
やりにくいなあ！

JCOは'97年に大リストラ。それにともない担当者は親会社に戻ってしまった
(この作業の経験者は一人もいなくなってしまう)

そして1999年ー

9月30日、40リットル沈殿槽に投入
青い光と同時に被曝
大内さん、篠原さんは**死亡**！
生き残った横川さんは**有罪**！

Ⅳ

政府に質問したら矛盾だらけの回答

福島瑞穂質問主意書と答弁書

福島瑞穂参議院議員政策秘書　竹村　英明

ＪＣＯ臨界事故と旧動燃（現・核燃機構）の責任の関係がずっと頭に引っかかっていた。この事故は動燃が引き起こしたものではないのか……と。しかし公式的には動燃の責任を明らかにするものはなく、ＪＣＯ側の責任、とりわけ「現場労働者の勝手な作業手順の変更が引き起こした事故」のように伝えられていた。自分としては動燃の責任を予感し、相当のバトルの末、事故直後に動燃とＪＣＯの契約書すべてを資料要求し入手した。一部紛失を理由に出てこなかったものもあるが、散逸を理由に行方不明だったいくつかは探し出させた。それが今、各方面で活用されている。

〈ＪＣＯ臨界事故調査市民の会〉の望月彰さんから話があったのは、臨界事故から３年目の2002年５月頃だった。現場労働者に責任をなすりつけた政府の事故調査報告書に憤慨し、ＪＣＯ裁判の行方を心配されていた。ＪＣＯの事件は原発事件であると同時に、日本的な現場労働者への責任転嫁という「典型的事例」でもある。「１バッチ縛り」という無理な方法と、動燃からの納期と品質に対する厳しい要求によって、結果的には現場労働者に「許可条件」を踏み越えて危険な作業をすることを強要し、事故が起きれば現場の責任にする。過酷な条件を強制した「契約者」としての「動燃の責任」追及という点で、望月さんと私の問題意識はつながった。

✴濃度の均一化問題と事故調査報告

臨界事故のさい、ＪＣＯで行われていた作業は、高速実験炉「常陽」のための燃料製造である。むずかしそうに聞こえるが、実はそんなに複雑なことではない。動燃から支給された八酸化三ウランを硝酸に溶かして、硝酸ウラニルの溶液をつくるだけで、臨界管理された容器で行えば何ということはない。問題はそれを転換試験棟の精製装置で行なったこと、さらに八酸化三ウランを2.4キログラムずつで作業するよう規定した「１バッチ縛り」という手法にあった。

転換試験棟は本来不純物のまじった八酸化三ウランを精製する装置である。精製したあとには不純物が残る。その装置を使って「硝酸ウラニル」溶液を作れば、汚れが残っていれば不純物が混じる。そこで現場労働者は丹念に装置の洗浄を行わねばならなかった。ところが納期にはそんな時間は考慮されなかった。契約上の単位は40リットルで１ロットとされていたが、「１バッチ縛り」があるので、およそ７つに小分けされたウラン溶液で作業を行い、最終的に「濃度の均一化」を行わねばならなかった。これが「クロスブレンディング」という方法で、これまた時間のかかる方法だった。「事故の原因の一端はここにある」と、政府の事故調査報告書にも記載されていた。

動燃がどうしてこのような無茶な要求をしたのか。いや、そもそもそれは事実かというのが最初の出発点であった。

✳濃度の均一化とは不純物の均一化だった

私は棚に置いてあった動燃とＪＣＯの契約書を、「ご自由にお読みください」と望月さんにお貸しした。その結果、契約書に添付された契約仕様書には「濃度の均一化」という記述はなく、濃度については「380グラムウラン／リットル以下」とあるだけということがわかった。「以下」であれば、375グラムでも200グラムでも、極端にいえばゼロでも良い。

いったいどこから事故調査委員会は「濃度の均一化」要求があったと結論づけたのか。この疑問から2002年７月25日付けの質問主意書（注１）を提出した。これに対する答弁書は９月18日に出された。内容は、「380グラムウラン／リットル」は濃度の均一化を求めたものではなく、溶け残りを生じさせないため、というものだった。1リットルの硝酸溶液に380グラムの八酸化三ウランを入れれば38％という濃度になる。38％は飽和濃度で、「溶け残りを生じさせないために380グラムウラン以下と記述した」、濃度の均一化は「製品の『化学的性質』が『均一である』旨の記述」で要求していた、というものだった。

2002年10月21日に行われた水戸地方裁判所でのＪＣＯ刑事裁判の被告側最終弁論では「均一化」は濃度だけでなく「不純物、遊離硝酸などを含めた均一化である」という主張が行われた。不純物の混じる転換試験棟を使って溶液製造が行われ、しかも１バッチずつ７回の作業で７つの溶液が作られたため、不純物の均一化が必要となったのである。動燃がどうしても１ロット40リットル（約７バッチ）を要求したため、クロスブレンディングを苦肉の策として認めたというのである。どうにもまどろっこしい話である。そこで、12月13日に第２の質問主意書を提出した（89ページ参照）。

（注１）質問主意書とは、国会議員による文書質問である。議員から衆参の議長宛てに出され、それが内閣に転送され、内閣総理大臣名で答弁書が出される。答弁内容は委員会答弁や本会議答弁と同格であり、正式な政府答弁としての重さを持つ。委員会質問では追及しきれないような詳細な質問や、段階的に追いつめる質問に有効で、国会議員の貴重な力である。

✳１ロット40リットルは動燃の分析期間短縮のため

不純物の均一化が本当に必要であるならば、製品を１つの入れ物で混ぜなければ不可能である。一方、臨界管理のためには１バッチを１ロットとして扱わなければ不可能で、当初ＪＣＯはそれを要求したという。それでも動燃は１ロット40リットルにこだわった。「いったいそんな無理な要求を動燃はしたのか、それはなぜか」と質問主意書は問いかけた。

答弁書は2003年２月７日に出た。答えは、動燃は「当該分析を実施する回数を減らすことにより分析に要する期間を短縮するため」１ロットの量を増やすことを要求した、と認めるものであった。クロスブレンディングという苦肉の策は、ＪＣＯ側から提案したものとはいうものの、事故を引きおこすことになった「無理な要求」をしていたのは、やはり動燃だったのである。

９月18日の答弁書は、クロスブレンディングは「許可の範囲内」

としていた。そこで、「設備とは別の容器を使ったクロスブレンディングと、臨界管理がされた（9.5リットルの）バケツの使用はどこが違うのか」と、9月30日に資料要求した。回答は「許可申請書には硝酸ウラニルの貯蔵について記載がある」からというもの。「一次貯蔵は良いがバケツで溶解したのはダメ」で、「クロスブレンディングはただの貯蔵」と言いたいらしい（注２）。

２月７日の答弁書には、「容量9.5リットル程度のバケツを使用していた方が、むしろ臨界管理ができたのでは」という問いに、「一概に」そうとは言えないと答えつつ、容量9.5リットル程度のバケツでは臨界管理できないという反論はなかった。だんだんと、政府の事故調査委員会報告が作り上げた「ＪＣＯの犯罪」の構成が崩れはじめた。

バケツの使用は作業だが、ブレンディング（混合）は作業ではなく貯蔵だ。政府はこのような詭弁を使って良いのだろうか。

（注２）７月25日の第１質問への９月18日の回答の中に、「クロスブレンディングは許可の範囲」と書かれているが、バケツ使用は「許可の範囲を逸脱」としているので、補足説明を求めたところ、10月９日、下記のような回答があった。

「ウラン粉末の溶解を、本来、溶解塔で行なうべきところ、ステンレス容器を用いて行なったことが許可違反の理由です。一方、許可申請書及び変更許可申請書においては、硝酸ウラニル溶液を貯蔵することについて記載されており、一般的に、液体を貯蔵する際には、その一環として、当該液体を別の容器に詰め替えて複数の容器の濃度を同じにすることはあり得ることから、硝酸ウラニル溶液に係わる適切な臨界管理の方法に従った均一化にについては、ＪＣＯが許可された行為の範囲内に含まれていると考えています。」

＊溶液製造を押し込んだ吉田守安全審査官

本来のＪＣＯの仕事は濃縮ウランの再転換である。ウラン濃縮はガス化しやすい六フッ化ウランの状態で行われるが、濃縮後はガス化しにくいウランに変える。この工程を再転換と呼んでいる。「再」がつくのは、濃縮前に天然ウランを六フッ化ウランに変える工程があり、これを「転換」と呼んでいるからだ。転換試験棟の仕事は再転換された八酸化三ウランを精製し不純物を取り去ることである。「常陽」燃料としての硝酸ウラニル製造は、八酸化三ウラン粉末を作るという、この設備本来の目的とはまったく関係のない仕事だった。

なぜそんな仕事をしていたのか。1984年の安全審査で、この粉末を作る設備で「溶液」を製造することが認められていたからである。

この設備が溶液製造に適しているか否か、溶液を作るならばどのように作るか、その際の臨界管理はどのようにすべきかなど、重要なことは何も検討せず、事実上「無審査」で「溶液製造」が設備の目的に加えられた。その際の安全審査担当者が吉田守安全審査官で、この人物は動燃から科学技術庁への出向者だった。審査を吉田氏が担当したことは、先の９月18日付け答弁書でも確認されている。吉田氏はその後、動燃に戻っている。

ＪＣＯ刑事裁判の2002年５月13日の公判で、ＪＣＯの越島建三所長は「溶液製造のことは当初予定していなかったが、動燃から科学技術庁に出向して審査官を務めた人に示唆されて、急遽、『枠取り』として申請した」と証言している。これではすべて動燃の自作自演で、安全審査とは名ばかり、この「怪しげな」行為が臨界事故を引き起こす遠因になったことは間違いない。しかし吉田氏の責任も、彼をわざわざ安全審査官として派遣した動燃（現・核燃サイクル機構）の責任もいまだ問われていない。政府の事故調査委員会報告は吉田氏や動燃の責任を巧妙に隠していた。

ＪＣＯ刑事裁判は終わったけれど、真相の解明はこれからようやく本格的段階に入るといえるだろう。

✷ＪＣＯ臨界事故と安全審査に関する質問主意書

（2002年12月13日付）

参議院議員　**福島 瑞穂**

2002年７月25日付「ＪＣＯ臨界事故と安全審査に関する質問主意書」に対する、同年９月18日付答弁書によれば、硝酸ウラニル溶液の製造許可（1984年）に関する安全審査は「適切に行われた」ということであり、また、事故となった転換試験棟の沈殿槽使用の動機は「ウラン濃度の均一化のため」という趣旨の回答があった。ところが、10月21日、水戸地裁におけるＪＣＯ刑事裁判の最終弁論において、弁護団はこの答弁書の内容とは食い違う重大な主張を行なった。

主張の内容は、第１に、1986年の硝酸ウラニル溶液の最初の契約に当たって、ＪＣＯは１バッチ１ロットを提案したにもかかわらず、動力炉・核燃料開発事業団（現核燃料サイクル開発機構、以下「動燃」という。）が「検査や輸送にかかわる期間を短縮するため」として１ロット40リットル（約７バッチ）を要求し、そのように契約することになったというものである。第２に、硝酸ウラニル溶液の混合均一化の目的は、「ウラン濃度、不純物、遊離硝酸」の均一化であり、バッチごとにウラン濃度は若干異なり、不純物の量は違い、遊離硝酸濃度は微妙に変わる、というものである。

1984年の製造品目に硝酸ウラニル溶液を追加した際の安全審査では、溶液の「ウラン濃度、不純物含有量、遊離硝酸」など具体的なことは何も決められていないのに、転換試験棟の精製施設での製造許可が認められた。臨界管理についての検討は行わないままでの審査と認可承認だったということができる。そして、臨界事故はこの精製施設の中の沈殿槽で発生した。原子力安全委員会のＪＣＯ事故調査委員会「最終報告書」は、「ウラン濃度の均一化のために」沈殿槽を使用したと述べ、９月18日付け答弁書もこれを再確認しているが、弁護団は最終弁論において「濃度、不純物、遊離硝酸の均一化」が目的であったと主張したのである。

ウラン濃度は、計量によって制御可能である。４リットル容器に精製したウラン1480.0グラムと硝酸を入れて４リットルにすれば、１リットル当たり370グラムウランの濃度の硝酸ウラニル溶液ができる。これをバケツで10本造れば、「最終報告書」に記されている１ロット40リットルの濃度の均一な硝酸ウラニルができる。「濃度の均一化」だけのためであれば、これを混合する必要は全くない。

ところが、不純物の場合は、意図して入れたり出したりできない。高速実験炉「常陽」の1986年に結ばれた第４次取替炉心以降の契約書によれば、15種類の元素について0.3PPMから100PPM以下にするという条件であるが、これはＪＣＯの精製工程により既に解決されており、バケツのみの使用であれば溶解の時点で考慮しなければならないことではない。また、遊離硝酸は「微妙に変わる」という程度のことであって、次のプルトニウム溶液と混ぜて加熱する工程では何ら影響はない。

もし、弁護団が指摘したように、ＪＣＯが１バッチ１ロットを主張したのであれば、それは臨界管理のための、いわゆる１バッチ縛りを完全に履行する唯一の方法であったからであると考えられる。臨界管理のための１バッチ縛りとは、ステンレス容器等を使ってウラン2.4キログラムを硝酸に溶かして6.5リットルにすれば１リットル当たり370グラムウランの濃度の硝酸ウラニルが得られるということであり、これを１ロットとすれば、臨界安全管理も品質管理もいかなる問題も発生しなかったのである。動燃の要求した１ロット40リットルに比べれば、分析コストが６倍から７倍にアップするとはいえ、臨界事故によって生まれる被害に比べればどちらが正しいかは明らかである。「１バッチ縛り」の場合は転換試験棟の精製施設を使う必要はなく、「バケツ」、「ミルク缶」、「ステンレス容器」など、どのような呼称の容器であれ、臨界条件に達することのない小さな容器があれば良いのであって、40リットルから100リットル近い容量の溶解塔や貯塔や沈殿槽を使うことはなかった。

したがって、この精製施設を使って硝酸ウラニル溶液を造ることの安全審査と設置変更許可が適切に行われたという政府答弁には大きな疑義があるので、以下質問する。

１　1986年の硝酸ウラニル溶液についての最初の契約に当たって、動燃が１ロット40リットルを要求したのは事実か。

２　この契約の際、動燃が「検査や輸送に関わる期間を短縮するため」に、これを要求したというのは事実か。

3　事実であれば、ＪＣＯの臨界事故は、動燃の臨界管理を無視した無理な注文によって発生したと考えられる。容量9.5リットル程度のバケツを使用していた方が、むしろ臨界管理ができたのではないかと考えるが、いかがか。

4　１ロット40リットルで「化学的組成を均一化」させようとすれば、クロスブレンディングであろうと、改造貯塔や沈殿槽であろうと約７バッチ分の硝酸ウラニルを同時処理しなければならず、「１バッチ縛り」を守ることができない。事故を発生させた沈殿槽に約７バッチ分の硝酸ウラニルを入れることになった「動機」は、動燃の無理な注文にあったと判断すべきであると考えるが、いかがか。

5　「１バッチ縛り」を現実的に実行するためには、１バッチ１ロットずつの生産管理を実行するしかない。これは少量容器（バケツ等のステンレス容器）を使って実現できるものであるにもかかわらず、1984年の硝酸ウラニル溶液製造許可は精製施設にて生産するというものであった。この施設はバッチ生産には大き過ぎるだけでなく、不純物の混入が避けられないものであった。精製施設とは不純物の精製であって、塔や槽の中に不純物が残っているからである。そこで、この施設で溶液を造るとせっかく精製した八酸化三ウランに再び不純物を混入することになって、不純物の処理という予期せぬ作業が発生することになった。その結果、弁護団の主張するようにこの不純物濃度を均一化する必要が生じて臨界事故になったのではないか。

6　以上の理由で、1984年の安全審査及び硝酸ウラニル溶液の製造許可は重大な誤りであったと判断されるが、いかがか。

右質問する。

参議院議員福島瑞穂君提出
JCO臨界事故と安全審査に関する質問に対する答弁書

（2003年２月７日付）

内閣総理大臣　**小泉純一郎**

１及び２について――お尋ねの事実関係について、核燃サイクル開発機構（以下「サイクル機構」という。）から聴取したところ、その概要は次のとおりである。

硝酸ウラニル溶液の輸送に際しては、核原料物質、核燃料物質及び原子炉の規制に関する法律（昭和32年法律第166号。以下原子炉等規制法という。）第59条二第２項の規定に基づく運搬に関する確認の申請のために硝酸ウラニル溶液を分析することが必要となるが、サイクル機構の前身である動力炉・核燃料開発事業団（以下「動燃」という。）は、当該分析を実施する回数を減らすことにより分析に要する期間を短縮するため、同一の硝酸ウラニル溶液として取り扱うことができる１単位の量（以下「ロット」という。）をふやすことが可能かとの検討を日本核燃料コンバージョン株式会社（現在の名称は株式会社ジェー・シー・オーであり、以下「ＪＣＯ」という。）に依頼した。この依頼を受けて、ＪＣＯから適切な臨界管理の方法に従ったクロスブレンディング（硝酸ウラニル溶液を複数の容器から同量ずつ取り出して別の複数の容器に配分をすることをいう。）を行えば１ロットを約40リットルにできる旨の提案がなされたところ、動燃は提案されたクロスブレンディングであれば臨界管理の方法として問題ないと考え、昭和61年10月にＪＣＯとの間で１ロットを約40リットルとする旨の契約を締結した。

3について――臨界管理が適切か否かは、ウラン溶液の濃度、容器の形状、複数の容器を用いる場合にはそれらの容器の配置状況とも関連するため、一概に「容量9.5リットル程度のバケツを使用していた方が、むしろ臨界管理ができた」とはいえないと考える。

いずれにせよ、原子炉等規制法第16条第1項の規定に基づき、昭和56年6月にＪＣＯに対して行なった核燃料加工事業の変更の許可における臨界管理の方法は適切なものであった考えている。

4について――1及び2について述べたとおり、サイクル機構から聴取したところ、動燃は、ＪＣＯから適切な臨界管理の方法に従ったクロスブレンディングを行えば、1ロットを約40リットルとできる旨提案されたことを受けて契約を締結したとのことであり、必ずしも動燃の注文に無理があったとはいえないと考える。

5について――動燃とＪＣＯの間で昭和61年10月に締結された契約に係わる契約仕様書においては、1ロットの製品の「化学的性質」が「均一である」旨が定められている。精製工程を経た八酸化三ウランにもある程度の不純物が含まれているなどの理由から、ＪＣＯが当該契約上の義務を履行するためには、八酸化三ウランの溶解に精製施設の一部を利用するか否かにかかわらず、1ロットの製品の「化学的性質」を均一化するための作業が必要であったと考えられ、「この施設で溶液を造るとせっかく精製した八酸化三ウランに再び不純物を混入することになって、（中略）この不純物濃度を均一化する必要が生じ」たとの御指摘は当たらないと考える。

6について――お尋ねのＪＣＯに対する許可及び当該許可に係わる科学技術庁の審査は適切に行われたものと考えている。

V
臨界事故――被曝住民は訴える

裁判に訴えた住民被曝者
――大泉昭一さん、恵子さんの闘い

　大内久さん、篠原理人さん、横川豊さんの重大被曝だけでなく、国は2000年４月までに667名の被曝を認めている。実測で被曝線量が確認されている人142人、推定で被曝線量が確認されている人525人とされている。この中に、ＪＣＯ社員、決死隊（24人）、消防署員（３人）、日本原子力研究所、核燃料サイクル開発機構の職員、周辺住民などが含まれている。実際にはさらに多いかも知れない。

　2002年５月、「ＪＣＯ臨界事故総合評価会議」は注目すべき「東海村・生活意識調査報告」をだした。これによれば、350メートル圏内では、37.2％の人が「体調が悪くなった」と答えている。ＪＣＯからの距離が近いほど影響が大きいとされている。頭痛、めまい、発疹やかゆみ、だるい、疲れやすい、風邪をひきやすくなった、眠れない、事故現場への恐怖感などの症状である。これらはいずれもチェルノブイリで報告されている症状と同じである。晩発性障害は3年後、8年後などの節目が報告されており、放射能を含んだ雨に濡れた子どもたちが特に心配されている。

ところがＪＣＯは、風評被害にはそれなりの補償をしたにもかかわらず、因果関係が不明であるとして、住民被曝者には誠意ある対応をまったくしていない。住民被曝者たちは〈臨界事故被害者の会〉を結成し、ＪＣＯと直接交渉を続けてきたが、ついに大泉昭一さん・恵子さん夫妻が民事訴訟に踏み切った。

ここに「大泉訴状」の重要部分を転載させていただくのは、被曝の真実を広く知ってもらうべきだと考えたからである。この民事裁判の勝利のために、多くの方々のご支援を切望するものです。

大泉昭一さん・恵子さん夫妻は、自動車部品の組立製造工場である「大泉工業東海工場」を経営していた。この工場は臨界事故が発生したＪＣＯ東海事業所の転換試験棟に近接しており、もっとも近い部分で120メートルしか離れていなかった。

事故当日、２人は工場内で作業をしており、夫妻のほかに２人の従業員が働いていた。事故発生時の午前10時35分頃、工場の窓はすべて開いていた。大泉さんらが事故を聞いたのは１時40分頃、村役場から避難勧告が出たのは３時40分頃になってからだった。隣町の日立市の自宅へ戻ったのはその日の午後４時頃で、７時のNHKニュースで初めて「放射線漏れを伴う重要事故」だったことを知った。

恵子さんは翌日未明から激しい下痢に見舞われ、口内炎の症状が現れた。事故後、働けなくなった恵子さんに加え、昭一さんも体調が悪化、2001年２月には工場を閉鎖せざるを得なくなった。

この間、昭一さんは〈臨界事故被害者の会〉の代表世話人として、ＪＣＯ側と健康への被害補償について交渉を重ねてきたが、ＪＣＯは科学技術庁（当時）の原子力損害調査研究会の最終報告書を盾に、住民への健康被害補償を一切認めていない。

2002年９月３日、大泉夫妻は、損害賠償を求めて水戸地裁に提訴した。被告はＪＣＯとその親会社・住友金属鉱山で、治療費や休業損害、慰謝料など約5800万円を請求している。

第１回口答弁論は2002年11月13日で、2003年７月２日まで４回の公判を重ねている。

（望月　彰）

被曝の実状を訴える 大泉夫妻の民事裁判訴状要旨（抜粋）

(1) 原告　大泉恵子の被害

1.はじめに

原告大泉恵子は事故そのものによるショックと事故による被曝のために事故直後から身体に変調をきたし、胃潰瘍、強度のＰＴＳＤ、うつ病などの疾病に罹患した。

原告大泉恵子は、原告大泉昭一の妻であり、大泉工業の作業及び経理関係を担当してきた。しかし、これらの症状のために原告大泉恵子は工場に働きに行くことができなくなり、また、家事もほとんど行うことができなくなった。そのことと、後述する原告大泉昭一の事故後の身体症状の悪化もあり、大泉工業は経営が続けられなくなり、営業の廃止にまで追いつめられた。

2.本件臨界事故当日の行動

1999（平成11）年９月30日、原告大泉恵子は、原告大泉昭一とともに、大泉工業東海工場で自動車部品の組立製造作業をしていた。

大泉工業東海工場は本件臨界事故の発生した転換試験棟の塀と道路を挟んだ向かい側に位置しており、転換試験棟と直線距離にして工場の最も近いところで約120メートル、工場中心部で約130メートルの距離である。

原告大泉恵子は、大泉昭一とともに工場内で作業をしていた。

▲ＪＣＯから120mの大泉工業（株)。右後方がＪＣＯ。小林晃氏撮影

原告らは、当初は窓を開けて作業していたが、同日午後１時40分ごろ、消防の人が来て、「近くで事故があったので、窓を閉めてください」と言われたので、表側の窓を閉めて作業することにした。

同日午後３時頃、不安になった原告らは東海村役場に電話したが、話し中でつながらなかった。ようやく、午後３時40分になって電話がつながった。そのころ、青い服を着た人（村役場の職員と思われる）が付近に回ってきて、「舟石川コミュニティセンターに退避してください」と言ってきた。原告らはむしろ日立市の自宅に帰りたかったので、「自宅に帰ってもよいか」を尋ねたところ、「自宅に帰っていいです」と言われ、車で自宅に帰ることにした。

原告らが帰る途中、そこここにバリケードが張られ、付近は異常な雰囲気であった。

原告らは、自宅に帰って午後７時のＮＨＫニュースを見て初めて、自家の工場のすぐ隣で放射線が放出される大きな災害が起こっていたことを知った。そこで、原告らは再度東海村役場に電話し、「ＪＣＯの隣の工場のものだが、もう一度コミュニティセンターに行った方がいいか」と聞いた。役場の担当者の答えは、「作業服、衣類、靴をビニールの袋に入れて持ってくるように」というものであったため、原告らは夕食もとらずに舟石川コミュニティセンターに移動した。

原告らは同日午後８時14分ごろに舟石川コミュニティセンターに着いた。ここで、衣服や身体について簡単な検査を受け、「大丈夫です」と言われたので、ひとまず安心し、センターを午後10時頃に出て家に帰った。

ところが、大泉恵子に、その深夜である10月１日午前３時頃に、酷い下痢がはじまった。備え置きの下痢止め薬を飲んでも全くきかなかった。また、下痢と平行して口内炎の症状が現れた。

３．事故による被曝と事故後の血液検査結果

科学技術庁事故対策本部による「行動調査等に基づく線量の推定について」によると、原告大泉恵子は6.5ミリシーベルトの被曝をしたとされている。しかし、この線量評価は過小評価であり、阪南中央病院「東海臨界事故被曝線量・健康実体調査委員会」によると、38.9761ミリシーベルトの被曝をしたとされており、この評価のほうが正しいと考えられる。

いずれにしても、原告が一般人の年間被曝限度である１ミリシーベルトを大幅に上回る放射線に非常に短時間の内に被曝したこと

は明らかである。

また、原告大泉恵子は、事故直後の1999年10月２日の血液検査結果では、白血球数が12000／㎣で要医療の判定を受け、白血球数はその後も2002年４月の健康診断まで検査の度に正常範囲の基準値の上限（9500／㎣）を越えて要医療の判定を受けている。

同様にリンパ球数についても、事故直後の1999年10月２日の血液検査の結果で5652／μLとされており、正常範囲の２倍近い異常値となっている。その後の検査ではリンパ球数は減少しているものの2001年４月の健康診断までは検査の度に正常範囲の基準値の上限（3144／μL）を上回っており、2002年４月の健康診断の際の血液検査で、事故後初めて正常値の範囲に戻っている。

４.事故後の原告大泉恵子の心身の健康状態

原告大泉恵子は、本件臨界事故の翌日10月１日は、１日家で寝ていた。

10月２日には、この日、避難解除が予定されており、原告らは大泉工業東海工場の状況を確認する必要があったために舟石川コミュニティセンターに行って待機し、午後10時に血液検査を受けた後、ガイガーカウンターによる大泉工業東海工場周辺の線量測定に立ち会った上、工場への立ち入りが許可されたので状況を確認して、夜中に自宅に戻った。

10月３日は下痢が終日続いた。

10月４日は一日中床についていた。

10月５日には息子家族が自宅からアパートに引っ越しをしたが、大泉恵子は体力気力がなく、引っ越しの手伝いができないので、そのような状態で引っ越しの手伝いもせずいると邪魔になりさらに気が滅入るので、いやいや大泉工業東海工場に行った。このころ大泉恵子は、食事をすると下痢するから怖くて食べられない状態が続き、体重が減っていった。

大泉恵子はその後も、一日中パジャマで寝たきりの状態で、10月17日までは完全に会社を休んだ。

その後大泉恵子は何度か会社に行こうとしたが、会社が近づいてＪＣＯの建物が見えてくると、体がこわばり、結局会社についても満足に仕事をすることはできず、体調が悪くなって午後からタクシーで帰宅するような状態が続いていた。

10月25日から26日には、大泉工業の社員旅行があり、従業員も含めて数名の会社であり、既に旅行会社に料金も払っていたので、大泉恵子も参加はしたが、全然食事が食べられず、苦しかった記憶しかない。

大泉恵子は10月末ごろから胃痛の症状に悩まされるようになった。

大泉恵子は同年11月15日に、従前から面識のある日鉱記念病院の院長とたまたまあった際に、同人が大泉恵子のやせた姿にびっくりして「すぐに病院に行きなさい」と言ったことから、翌11月16日に日鉱記念病院で、上杉医師の診察を受け、「胃潰瘍」という診断を受けた。大泉恵子は11月18日から12月５日まで日鉱記念病院に入院した。

本件臨界事故以前には、大泉恵子には下痢という症状は全くなかった。大泉恵子の事故前の体重は50kg程度であったが、事故直後の10月２日には、46kgとなっていた。入院時の11月には体重は42kg程度まで下がっていた。当時の大泉恵子の心理状態は「仕事ができない、家のこともできない、自分は生きていてもしょうがない、経理を担当していて、仕事に自分が行けないと会社が赤字を出すことはわかっていた」というようなものであった。

大泉恵子は、日鉱記念病院を退院した後も体調が悪いので、1999年12月10日に回春荘病院で診断を受けたところ、「うつ病」との診断を受け、その後同病院に通院するようになった。原告大泉恵子は「臨界事故が起きて下痢が続いて、起きられない。労働意欲がわかない。働かなければいけないのに働く意欲が起きない」と訴えた。木下医師は大泉恵子の訴えに対して「あなたは地獄を見てきましたね」といたわってくれた。このころは飼い犬が心配して大泉恵子の枕元を離れなかった。数年経過した後も、会社に行こうとしても辛くて、足が向かない状態が続いた。

原告大泉恵子は、2000年4月1日に東海村の願船寺で行われた阪南中央病院の村田医師の講演を聴いた。そのとき、自分の症状が原爆症や原発ぶらぶら病と似ていることに気づいた。

大泉恵子は、2000年4月21日回春荘病院精神科木下和明医師に「うつ状態」と言う診断書を作成してもらった。2000年5月には大泉恵子の体重は44kg程度であった。

2000年11月ごろ薬が変わり、薬が強くなって眠くなってしまうようになった。一時、薬物への依存を恐れて薬を飲まないこともあった。原告大泉恵子は「うつ病」と診断されて、2000年11月18日に回春荘病院に入院し、2001年10月まで入院加療した。その後も同病院への通院が現在まで続いている。

5．ＰＴＳＤの診断

原告大泉恵子は、2002年6月26日、東邦大学医学部付属大橋病院の高橋紳吾医師（精神科）の診察と詳細な問診を受け、「心的外傷後ストレス障害（ＰＴＳＤ）」との診断を受けた。その診断書において、「事故によってひきおこされたもので、事故の想起、回避症状（近くに行けないなど）、事故に関連する事柄を不意に聞かされた際の身体のこわばり、事故以前に存在していなかった持続的覚醒亢進症状が現在に至るまで持続している。ＪＣＯ事故との因果関係は明白である」と説明されている。

6. 原告大泉恵子の健康被害と本件臨界事故の因果関係について

原告大泉恵子は、本件事故以前は下痢、うつ状態、うつ病、ＰＴＳＤの症状はなく、本件臨界事故後にこれらの症状が発生したものである。そしてこれらの症状は本件臨界事故直後に発生し継続しているものである。

大泉恵子は、本件臨界事故後の血液検査で、白血球数、リンパ球数に異常を生じており、その後も継続的にこれらの数値が正常範囲の基準値の上限を越える状態にあった。このことから、本件臨界事故の被曝によって大泉恵子の体に一定の影響が生じていることが推認できる。

加えて、本件臨界事故は世界の臨界事故史上でも核分裂数、継続時間等で見ても歴代３位の大事故であり、我が国の原子力史上（原水爆をのぞく、平和利用では）初めて死者を出すという大惨事であった。この事故の際に直近で被曝をした者が極度の恐怖感、不安を持ち、激しいストレスにさらされることは当然のことである。

原告らは、本件臨界事故の関係者を除く民間人では最も近い部類に属する場所で被曝したものであり、過小評価の疑いの強い科学技術庁事故調査対策本部の線量評価でさえ一般人の年間線量限度（１ミリシーベルト）を遙かに越え、白血病の労災認定基準である年間５ミリシーベルトさえ越える放射線を被曝したものである（従ってこれを越える線量を被曝した者に被曝後１年以上経過した後に骨髄性白血病又はリンパ性白血病が発症した場合に労災認定上業務起因性がある、すなわち放射線被曝との相当因果関係があると判断される基準である)。後者について言葉を換えれば、原告らは、国の公式見解によってさえ、今後、今回の被曝により白血病に罹患しても不思議はないと言える量の放射線を被曝したのである。このことから考えれば、本件臨界事故及びそれによる放射線被曝によって大泉恵子が受けた精神的打撃、恐怖感、不安感ストレスが並大抵のものではなく、心身に変調をきたすほどのものであったことは容易に理解できるものである。

以上の点から、大泉恵子に生じた健康被害は、その寄与度については判断が容易でないものの、被曝による健康への直接的影響と、事故によって受けた精神的打撃による影響とが相まって生じたものであり、いずれにしても本件臨界事故によって生じたものというべきである。

⑵ 原告　大泉昭一

１.原告大泉らの事業

原告大泉昭一は、自動車部品の組立製造業に従事してきた。大泉工業は夫婦２人とアルバイト１名程度の家内工業であったが、1988年に東海工場を建てて設備を整え、臨界事故が起きるまでは確かな技術力を評価され、確実な利益を上げていた。

2. 皮膚の既往症等

大泉昭一は以前から皮膚が弱く、医者からは「後天性紅皮症候群で原因不明であり、治療法もわからない病気だ」と言われていた。しかし、臨界事故以前は、日立製作所多賀総合病院の皮膚科に通って、付け薬だけをもらっていれば、それほど大きな生活上の支障にはなっていなかった。大泉昭一は、本件臨界事故以前から通院はしていたが、それは病院の方が薬が安いということもあり、薬をもらうための通院であった。

また、大泉昭一は、従前より血糖値が高めであることは健康診断等で指摘されていたが、本件臨界事故以前は、治療を要するほどではなかった。

3. 被曝の事実

科学技術庁の事故調査対策本部による「行動調査等に基づく線量の推定について」によると、大泉昭一は6.5ミリシーベルトの被曝をしたとされている。しかしこの線量評価は過小評価であり、阪南中央病院「東海臨界事故被曝線量・健康実態調査委員会」によると、43.575ミリシーベルトの被曝をしたとされており、この評価のほうが正しいと考えられる。

いずれにしても、原告が一般人の年間被曝限度である1ミリシーベルトを大幅に上回る放射線に非常に短時間の内に被曝したことは明らかである。

4. 事故の直後からの症状悪化

本件臨界事故後、大泉昭一の皮膚の症状が極度に悪化した。病状が悪化したのは、1999年10月８日のことである。それまで特に問題はなかったのに、10月８日に草を刈った直後から悪化し、皮膚が水膨れのようになってしまって包帯を巻くようになり、包帯がなかなか取れなくなった。今も、原告大泉昭一は、冬の間は包帯をはずせない。最近は顔まで症状がでてくるようになり、症状はなお悪化している。

このような症状の悪化と放射線被曝には何らかの因果関係があるかもしれない。また、妻から事業への協力を得られないこと、妻が家事もできなくなったことによるストレスは確実に関係していると考えられる。

もともと、妻である原告大泉恵子は働き者で仕事も良くやっていた。会社での働きも組立が早くて正確であり、人一倍の労働能力であった。大泉昭一だけでは帳簿を付けることも難しい状態であった。したがって、妻が働けなくなるということは、原告らの事業に多大な困難をもたらした。

妻である原告大泉恵子が2000年11月から2001年１月まで回春荘病院に入院していた間に、大泉昭一は自宅で脱水症状を来たし、吐いて、多賀総合病院で点滴してもらったこともある。

また事故直後から大勢のマスコミが大泉の工場に押し寄せてきた。大泉の工場が被告ＪＣＯのすぐ隣で広い駐車場があり、現場付近で、車が止められる唯一の場所だったためである。工場にマスコミが詰めかけて仕事にならないことが続き、これも原告大泉昭一に大きなストレスを与えた。

5. 事業の廃業

原告大泉昭一・恵子の体調の不良によって、事業がうまくはかどらず、大泉工業は、1999年11月１日に矢田一男を解雇した。

原告大泉昭一は2001年２月からこの皮膚の病気が極度に悪化し、皮膚が赤くなるだけでなくかゆみが止まらず膿を持つようになったため、同年２月19日に多賀総合病院に入院し、患部の凍結治療をすることとなった。この入院が最終的な会社の休業の原因となり、同年２月20日、大泉工業は事業を休止し、事実上廃業するに至った。大泉昭一の入院は同年６月30日まで続いた。

原告大泉昭一は、現在では2002年４月１日から糖尿病で多賀総合病院に入院している。同人の糖尿病は皮膚の病気の後に発症したものである。以前には発症していなかった。この皮膚の病気と糖尿病との関係は明確ではないが、原告大泉昭一は皮膚の病気の治療のために継続的に用いられたステロイド剤などの強い薬物による合併症ではないかと疑っている。

◆資料編──

【資料1】

原子力発祥の地から脱原発第一歩の地に

CIVIC ACTION みと 野口 悦子

衝撃的なＪＣＯ臨界事故から早くも４年の月日が過ぎた。あの時も今も私は、東海村に近い水戸市に住んでいる。茨城県では〈反原子力茨城共同行動〉という県内の市民運動で作る団体があり、私たちも参加している。臨界事故に抗議し、東海村をデモし、ハンストを行い、村議会選挙の支援をした。

2003年３月３日には刑事裁判の結審があり、１つのピークを迎えたことはたしかだ。この間、茨城県の地方版には、さまざまな事故への向き合い方が紹介されていた。住民、原子力業界、県や村の取り組みなどだ。

しかし、事故の記憶は多くの人々から忘れ去られようとしているのではないかと感じている。

そして事故後、はっきりとしたことがいくつかある。１つは「原子力事故では、誰も責任を取ってくれない」ということ。原子力業界、企業、国、自治体、すべてがそうだ。現在進行中の健康損害賠償請求でも、事故当時平謝りしていた企業は、被害者には何の補償もしないつもりなのだ。

▲1999年11月27日に開かれた県民シンポジウム。小林晃氏撮影

２つめは「地元で生活する住民が変わらなければ、事故が起きるかもしれない不安は解決しない」ということだ。つまり、事故を起こさせないためには、原子力発電をやめてもらうしかない。その運動を広範に進めなければならないと痛感する。

未来への希望は、住民自らが作るしかないのだと思う。

この原稿を書くにあたって犠牲者の１人である大内久さん被曝治療の記録（『被曝治療83日間の記録』ＮＨＫ取材班、岩波書店）を読んだ。忘れてはならない命をかけた、切実な訴えが詰まっている。

【資料２】

臨界事故に怒り、風化させない首都圏での取り組み

ＪＣＯ臨界事故調査市民の会　坂東 喜久恵

1999年９月30日、あの衝撃が伝わってきたその日、『たんぽぽ舎』（現在〈ＪＣＯ臨界事故調査市民の会〉事務局がある）では、ちょうど原発事故の学習会を開催する日でした。しかしその日は、事故は事故でも、当日発生した前代未聞のＪＣＯ臨界事故の緊急学習会となったのは、当然の成り行きでした。

その後は、ＪＣＯ臨界事故の分析、追及、最終報告書の検討を続け、学習会や批判の集会などを続けました。その中で〈ＪＣＯ臨界事故調査市民の会〉も発足しました。

また、「事故１周年の2000年９月30日には問題の追及と抗議を兼ねた集会を首都圏でも開き、多くの人に訴えるべきだ」という思いが大きな輪になり、「９・30実行委員会」が発足、東海村の現地と呼応する形で「事故１周年」の行動と集会がもたれました。

それから毎年９月30日の集会に向けた『実行委員会』を数か月前に立ち上げ、ＪＣＯ臨界事故の問題とともに、原発や核の問題に対応する首都圏での集会開催に向けて、活動を行なってきました。

この９・30集会は「ＪＣＯ臨界事故を忘れない」という、毎年の活動として定着してきています。

各回の内容は以下の通りです。

＊第１回　2000年９月30日（土）

午前中は科学技術庁前で抗議行動と犠牲者追悼の集会、午後は１周年の集会とデモ。

当日朝、喪服を着て科学技術庁前に集まったのは110名を越し、抗議集会のあと、事故の起こった午前10時35分に亡くなった２名の冥福を祈り黙祷。横断幕と時計で大きくアピールしました。

１周年集会は、文京区民センターに400人以上も多彩な人たちが集まり、講演だけでなく、事故の原因や責任追及をわかりやすく表現した朗読劇「青い疑惑」や、キャンドルデモで盛り上がりました。

なお、その１週間前の東海村現地集会には「ＪＣＯ臨界事故調査市民の会」のメンバーも参加、運動団体と交流を深めました。

▲事故１周年、科学技術庁前で犠牲者を追悼し、臨界事故に怒る

＊第２回　2001年９月30日(日)

前年に引き続き午前中は抗議行動と追悼の集会、午後は２周年の集会とキャンドルデモ。９月11日の「航空機によるアメリカ同時多発テロ」の直後ということもあって、原発の危険性を中心にすえ、原発廃止と核兵器廃絶を広く訴える集会となりました。

朝は通商産業省前で２年前の事故の問題や、原子力施設の危険性をアピール。舞踏や白菊をささげての追悼を行いました。

２周年の集会は文京区民センターで国会議員の中村敦夫氏をメイン講師に迎えての講演会。また住民被害の立場から、両親が被曝した大泉実成氏の訴えを始め、各地の報告がありました。

＊第３回　2002年９月30日(月)

前年に引き続き、午前中は経済産業省前で原発反対の行動と追悼の集会。雨の中でしたが、平日のため職員や近隣にも大きくアピールしました。その後、原子力・安全保安院へ東京電力の事故隠しなどに対する抗議と、臨界事故の再調査の申し入れを行ないました。

３周年の集会は夕刻から中央区・京橋プラザで行ないました。「ＪＣＯ臨界事故調査市民の会」の槌田敦代表の講演は、事故の本当の原因に厳しく迫るものでした。

集会後にはデモを行ない、銀座をキャンドルで行進するころには雨も上がり、ＪＣＯ問題と東電の事故隠し問題を強くアピールしました。

【資料３】

ＪＣＯ事故関係の文献一覧

（主に入手可能なもの：かっこ内は出版年月）

１〕ＪＣＯ臨界事故全般について

・『臨界事故』産経新聞社(1999•11)

・『ドキュメント　東海村』国分郁男、吉川秀夫　ミオシン社(1999•12)

・『恐怖の臨界事故』原子力資料情報室　岩波ブックレット(1999•12)

・『これからおこる原発事故　あなたの住む街は大丈夫ですか？』別冊宝島438　宝島社(2000•1)

・『徹底解明　東海村臨界事故』舘野淳、野口邦和　新日本出版社(2000•2)

・『青い閃光　ドキュメント東海臨界事故』読売新聞編集局　中央公論新社(2000•3)

・『東海臨界事故から脱原発へ』原水爆禁止国民会議(2000•3)

・『原子力行政の独立を求めて』原子力安全規制行政研究会(2000•5)

・『眠らない街』相沢一正、丹野清秋　実践社(2000. 6)

・『原子力とどうつきあうか』住田健二　ちくま書房(2000•9)

・『ＪＣＯ臨界事故と日本の原子力行政』ＪＣＯ臨界事故総合評価会議　七つ森書館(2000•9)

２〕原子力開発推進側の見解

・『ウラン加工工場臨界事故調査委員会による中間報告』と

『最終報告』原子力安全委員会ウラン加工工場臨界事故調査委員会（1999・12）
- 『臨界事故発生原因に関する考察』ＪＣＯ株式会社(1999・12)
- 『原子力安全白書　平成11年版』原子力安全委員会(2000・7)
- 『核燃料加工施設臨界事故記録』茨城県(2000・9)
- 『特集　ウラン燃料加工施設における臨界事故』日本原子力学会誌Vol42 No.8(2000・8)

3〕「ＪＣＯ臨界事故調査市民の会」関係

- 『事故調査委員会　最終報告書批判』 たんぽぽ舎(2000・3)
- 「ＪＣＯ裁判に見る東海村臨界事故の原因と責任」望月彰『技術と人間』４月号(2002・4)
- 「技術の妥当性と違法性」望月彰『情況』12月号(2002・12)
- 「ＪＣＯ事故と動燃」槌田敦『社会評論』2003年冬号

4〕その他

- 『あゆみ速報・投稿JCO臨界事故について』原研労組（1999・11・16）
- 「ＪＣＯ事故、原発事故ならまず逃げろ」槌田敦『情況』11月号(1999・11)
- 『東海村臨界事故の原因究明は終わっていない』鵜川八郎労働経済旬報（2000・3・20）
- 「これでは事故はまた起きる」高木仁三郎『世界』４月号(2000・4)
- 「東海臨界事故被曝線量・健康実態調査」大阪・阪南中央病院東海臨界事故被曝線量・健康実態調査委員会(2000・8)

・「亜鉛放射化と住民被曝」小泉好延『ネイチャー』(2000・8)
・「JCO臨界事故　住民生活影響調査報告」JCO臨界事故総合評価会議(2000・8－2002・9)
・公開討論「どうする？日本の原発」森一久、中村政雄vs槌田敦『食品と暮らしの安全』　日本子孫基金(20001・1)
・『原発被曝』広河隆一　講談社(2001・4)
・『新原子力防災　ハンドブック』全日本自治団体労働組合(2001・6)
・「『臨界事故』被曝者はいま…」大泉実成『創』８月号～12月号(2001・8～12)
・『東海村　臨界事故の街から　1999年９月30日事故体験の証言』茨城キリスト教大学・臨界事故の体験を記録する会＝編　旬報社(2001・10)
・『被曝治療　83日間の記録』ＮＨＫ取材班　岩波書店　(2002・10)
・「置き去りにされた地域住民、安全性」伊藤良徳『世界』11月号(2002・11)

（ここに掲載できず、私たちがふれることができなかったものも多くあると思います。）

【資料４】

❀東海村臨界被曝事故から４年間の流れ

＊1999年

■９月30日10時35分、（株）ＪＣＯのスペシャルクルー班の３名がバケツで溶かした硝酸ウラニル溶液を均一化しようとして７杯目を沈殿槽に注入時、臨界事故になる。作業にあたっていた大内久さんは16〜18シーベルト、篠原理人さんは６〜10シーベルトの被曝をする（総体推定被曝量。致死量は６〜８シーベルトとされる）。隣室の横川豊さんは３シーベルトの被曝。

■東海村役場に一報が入ったのは約１時間後。東海村は現場から半径350メートル以内の39世帯、約120人の住民に避難を要請。午後10時半には茨城県が半径10キロ圏内の住民約31万人に屋内退避を要請。ＪＲや高速道路などの交通機関はマヒ状態に陥った。

■小渕内閣は組閣を延期し、臨界対策にあたる。

■10月１日２時30分過ぎ、ＪＣＯ社員が「決死隊」を結成。臨界を収束させるために沈殿槽外周に流れている水の抜き取り作業を始める。しかし最初、配管の同じ高さに２か所穴を開けたため、失敗する。決死隊は配管にチッ素を注入し、その後に水を抜くことに成功。６時15分に臨界収束へ。

■同日夕方、ＮＨＫで有馬朗人科学技術庁長官が、事故の原因について「作業者がバケツで」と発言。これが作業者責任論が世間に広まるきっかけになる。

■10月11日、ＪＣＯが転換試験棟の換気装置をようやく止める（この時まで放射能を敷地外へ流し続けていた）。

■12月21日、被曝して入院していた大内久さんが亡くなる。

■12月24日、原子力安全委員会が設置したウラン加工工場臨界事故調査委員会が、わずか３か月で最終報告書を提出。

＊2000年

■１月23日、東海村村議選挙で相沢一正氏が当選。東海村で初の脱原発派村議が誕生する。

■２月14日、被曝住民ら、臨界事故被害者の会を結成。

■２月、ＪＣＯ臨界事故総合評価会議が東海村・那珂町地区でＪＣＯ臨界事故調査・住民生活影響調査を行う。

■３月、ＪＣＯ、ウラン加工事業許可を取り消される。

■３月29日、科学技術庁の原子力損害調査研究会が最終報告書を提出。健康被害に関しては被害者に因果関係の立証を求めるもので、これが後に被曝者のＪＣＯとの補償交渉でゼロ回答の根拠に使われることになる。

■４月、原子力災害対策特別措置法が成立（６月より施行)。

■４月27日、被曝して入院していたＪＣＯ作業員の篠原理人さんが亡くなる。

■８月５日、広島・長崎・東海村を結んで－ヒバクを許さない集い－ＰＡＲＴⅠが広島市で開かれる。広島のヒバクシャと原発のヒバクシャが、同じヒバクシャとして手を結ぶ。

■８月17日、阪南中央病院（大阪）が住民被曝者の健康調査結果を発表。推定被曝結果は最高が192ミリシーベルト。５人が50ミリシーベルトを超えている。頭痛、吐き気など多数の症状あり。

■９月１日、放射線医学総合研究所（放医研、千葉市）が、被曝者の染色体異常からの推定被曝線量を16ミリシーベルトと発表。

■９月30日、臨界被曝事故１周年。東海村で防災訓練が行われる。全国各地で被曝１周年の集会・デモが行われる。東京では朝、科学技術庁前で追悼と抗議、午後は講演集会とデモ（400人）。

■10月11日、茨城県警、業務上過失致死などの疑いでＪＣＯ所長ら６人を逮捕。

■12月22日、茨城県は臨界事故調査結果の報告書を出す。核燃の発注者責任もあったこと、とくに均一化工程が加工事業変更申請書に記載されていないことを指摘。

＊2001年

■３月５日、東海村・村上村長、毎年９月に「原子力防災週間」を設ける。

■３月16日、茨城県内の納豆業者、風評被害の和解仲介を申し立て。請求額は数10億円になる見通し。

■３月22日、ひたちなか市などのパチンコ店、9200万円の風評被害を提訴。

■４月23日、茨城県水戸地裁でＪＣＯ刑事裁判、初公判。

■４月27日、故・篠原理人さんの遺族が「手記」を発表。「会社のみなさんが非を認めてくれた」「このような事故が最初で最後であることを望む」

■５月13日、ＮＨＫが故・大内久さんの被曝治療のドキュメンタリー「被曝治療83日間の記録～東海村臨界事故～」を放映。

■８月５日、広島・長崎・東海村を結んで－ヒバクを許さない集い－ＰＡＲＴⅡが広島市で開かれる。

■８月23日、東海村長選挙で村上村長が無投票で再選され２期目へ。

■９月30日、臨界被曝事故２周年。茨城、東京（経済産業省、

原子力安全・保安院前)、大阪などで追悼と抗議の集会が開かれる。

■12月３日、故・大内、篠原さんの遺族、刑事裁判被告のＪＣＯ社員６人の「寛大な処分」を求めて水戸地裁に上申書。

＊2002年

■２月、ＪＣＯ臨界事故総合評価会議が、東海村・那珂町地区で第２回生活意識調査を行う。

■３月30日、茨城県金砂郷町の大手納豆メーカーがＪＣＯに18億円の風評被害を提訴。

■７月31日、ＪＣＯ、被告６人を処分(越島所長を懲戒解雇、竹村主任を諭旨免職、横川副長を出勤停止14日)。

■８月５日、広島・長崎・東海村を結んで－ヒバクを許さない集い－ＰＡＲＴⅢが広島市で開かれる。

■９月２日、ＪＣＯ刑事裁判で水戸地検が論告求刑。竹村主任主犯説を主張。求刑は会社に対し罰金100万円。前所長に対し禁固４年・罰金50万円。他の５被告に対し禁固３年６か月～２年６か月。

■９月３日、大泉夫妻が、ＪＣＯの法律違反の時効期限を目前にして、ＪＣＯと住友金属鉱山を提訴。

■９月５日、福島県いわき市の水産加工会社の風評被害仮払金返還を求めた裁判で、ＪＣＯが勝訴。

■９月11日、茨城交通、宅地開発の風評被害18億円の提訴。

■９月30日、臨界被曝事故３周年。追悼と抗議の集会が、東京その他で開かれる。

■10月21日、ＪＣＯ刑事裁判でＪＣＯ弁護団が最終弁論。

＊2003年

■２月14日、茨城県ひたちなか市の水産加工会社２社とＪＣＯは水戸地裁で風評被害の和解成立。２社に計約１億円が支払われる。

■３月３日、ＪＣＯ刑事裁判で被告６名に執行猶予付き有罪判決。判決は横川副長主犯説を主張。ＪＣＯも水戸地検も控訴せず、判決が確定。

■４月18日、ＪＣＯがウラン加工事業再開の断念を発表。東海村・村上村長はこれに対し「賢明な判断」とコメント。ＪＣＯは今後、これまでに排出した低レベル放射性廃棄物の保管・管理と臨界事故の補償対応を引き続き行なっていく方針。

■４月、茨城県が国の委託で事故以来毎年行っている健康診断で、前年まで減少していた受診希望者が増加。那珂町の小・中学生８人に白血球が多いなどの異常値。

■６月24日、水戸地裁、茨城県大洗町の水産加工会社・梶間水産の風評被害による918万円の賠償請求を棄却。

■６月、映画『ヒバクシャー世界の終わりに』が完成、上映開始。２時間の大作。イラクと広島・長崎と米国のヒバクシャを描いて好評。全国上映に。

■８月５日、広島・長崎・東海村を結んでーヒバクを許さない集いーＰＡＲＴⅣが広島市で開かれる。

■「国は臨界事故の責任を認め、住民・労働者の健康被害を補償せよ」全国署名が25万5000名に。今後も署名を継続する。

❖――あとがき

原発推進は「日本の国策」だといいます。それならＪＣＯ臨界事故は「死者２人、被曝者667人余、避難者31万人」を生んだ日本原子力史上の大事故なのですから、国策推進者（国と原子力関係者）は大事故の再発を防ぐため、もっと真剣に努力すべきです。

しかしながら、国は事故の本当の原因に触れない、まったくおざなりの報告書でお茶を濁し、そして刑事裁判では、国の責任に触れず（免罪して）死者に責任をかぶせる結論＝2003年３月３日水戸地方裁判所、判決＝で幕引きとしてしまいました。

原発推進の人々はよほどこの事故に触れたくないようです。早く国民の関心からそらしてしまおうとしています。逆に私たちは、この大事故の意味の大きさを思います。事故の本当の原因は何か。それは核燃機構（旧動燃）の無理な注文と、ずさんな国の安全審査と、ＪＣＯの責任にあります。事故の責任を追及し、責任逃れをはかる人々の責任を問い、簡単に忘れさせない＝風化させない活動を続けてきました。

大事故の教訓をまとめ、今後の事故再発を防ぐヒントを得るために、その中身をより多くの人々に知ってもらい原子力の大事故を防ぎたい、願わくば大惨事の起きる前に原子力から撤退してほしい、そういう目的で本書は作成されました。

本書が発行できた原動力は２つあります。１つは〈ＪＣＯ臨界事故調査市民の会〉の３年余の研究会活動と刑事裁判傍聴活動です。槌田敦さん（名城大教授）を中心に毎月一回の定例会を延べ50回続けたこと、また遠く茨城県水戸地方裁判所へ傍聴（計23回）

に通った渡辺寿子さん、望月彰さんを中心にした活動の蓄積が、この本の中心的な中身です。

２つ目は、東京圏の心ある皆さんの大衆的活動です。ＪＣＯ臨界事故に怒り、風化させない〈9.30臨界被爆事故○周年実行委員会〉は、2000年から毎年６月に実行委員会を立ち上げ、９月30日を頂点として、多彩な活動で臨界被爆事故を大衆的に追及し、盛り上げてきました。

２つの会の３年余の活動の蓄積で、本書がやっと出版の運びとなり、うれしい気持ちです。研究会の途中では、深刻な「意見の違い」もあり、どうしたらよいか悩みもしましたが、一泊合宿等でじっくり長い時間討議した結果、契約書の分析等を通して一致することができ、それに加えて旧動燃の裏金作りと推測される秘密も発見できました。集団（グループ）で本を出す喜びと苦しみを味わった、「楽しくもあり忙しくもありの半年間」でした。

本書の出版には、写真を提供いただいた小林晃さん、金瀬胖さんをはじめ、〈市民エネルギー研究所〉の小泉好延さん、福島瑞穂参議院議員秘書の竹村英明さん、高文研の山本邦彦さんにたくさんの助力をいただきました。また、〈たんぽぽ舎〉の有形無形の協力を得ました。記して感謝します。

さらに、きびしい出版状況の中、出版を引き受けてくださった高文研のみなさんにお礼を申し上げます。

なお、本書の感想などをお寄せいただければ幸いです。

2003年８月

ＪＣＯ臨界事故調査市民の会　**柳田　真**

ＪＣＯ臨界事故調査市民の会
1999年9月30日のＪＣＯ臨界事故のあと、市民の立場から事故を調査研究しようと発足。毎月１回の定例会を５年間続けた。本書はその集大成ともいえる。
今後の日本の焦点は〈原発事故と日本の核武装（原爆をもつこと）にある〉と考え、2007年に核開発に反対する会（槌田敦代表）に改組した。月１回の定例会と月刊で「核開発に反対する会ニュース」を発行している。
2011年３月、かねて指摘してきた「福島原発震災」が発生、会のこれまでの蓄積を傾注して、全力でこの問題に対処している。
事務局（連絡先）は下記「たんぽぽ舎」気付で。
〒101-0061 東京都千代田区三崎町２−６−２ ダイナミックビル５Ｆ
TEL03-3238-9035 FAX03-3238-0797
「たんぽぽ舎」ホームページ
http://www.tanpoposya.net

東海村「臨界」事故
◆国内最大の原子力事故・その責任は核燃機構だ

●2003年９月30日――――――第１刷発行
●2011年５月１日――――――第２刷発行

編著者／槌田敦＋JCO臨界事故調査市民の会

発行所／株式会社 高 文 研
東京都千代田区猿楽町２−１−８（〒101-0064）
☎03-3295-3415 振替口座／00160-6-18956
ホームページ http://www.koubunken.co.jp

組版／Ｗｅｂ Ｄ（ウェブ ディー）
印刷・製本／シナノ印刷株式会社

★乱丁・落丁本は送料当社負担でお取り替えします。

ISBN978-4-87498-312-6 C0036